FORSCHUNGSBERICHTE DES LANDES NORDRHEIN-WESTFALEN

Herausgegeben durch das Kultusministerium

Nr. 712

Gesellschaft zur Förderung der Forschung auf dem Gebiet der Bohr- und Schießtechnik e. V. (G. F. B. S.), Essen

Untersuchungen über das Drehschlagbohren

Als Manuskript gedruckt

Springer Fachmedien Wiesbaden GmbH

ISBN 978-3-663-03824-5   ISBN 978-3-663-05013-1 (eBook)
DOI 10.1007/978-3-663-05013-1

G l i e d e r u n g

1. Einleitung . . . . S. 5
   1.1 Abgrenzung der Aufgabe . . . . S. 5
   1.2 Der Versuchsstand und seine Ausrüstung . . . . S. 6
       1.21 Gestein . . . . S. 6
       1.22 Bohrgerät . . . . S. 6
       1.23 Bohrstangen und Bohrschneiden . . . . S. 8
       1.24 Hilfseinrichtungen . . . . S. 9
       1.25 Meßausrüstung . . . . S. 11
   1.3 Durchführung der Bohrversuche . . . . S. 14
       1.31 Versuchsvorbereitungen . . . . S. 14
       1.32 Versuchsverlauf . . . . S. 15
       1.33 Messung zu den Versuchen . . . . S. 15
       1.34 Protokollierung der Meßwerte . . . . S. 16
       1.35 Auswertung der Meßergebnisse . . . . S. 18

2. Versuchsergebnisse . . . . S. 19
   2.1 Die Bohrgeschwindigkeit in Abhängigkeit von der
       Vorschubkraft, Drehzahl und Schlagleistung . . . . S. 19
       2.11 Die Bohrgeschwindigkeit in Abhängigkeit von der
            Vorschubkraft . . . . S. 19
       2.12 Die Bohrgeschwindigkeit in Abhängigkeit von der
            Drehzahl . . . . S. 23
       2.13 Die Bohrgeschwindigkeit in Abhängigkeit von der
            Schlagleistung . . . . S. 26
   2.2 Die Spantiefe in Abhängigkeit von der Vorschubkraft,
       Drehzahl und Schlagleistung . . . . S. 29
       2.21 Die Spantiefe in Abhängigkeit von der
            Vorschubkraft . . . . S. 30
       2.22 Die Spantiefe in Abhängigkeit von der Drehzahl . . . S. 31
       2.23 Die Spantiefe in Abhängigkeit von der
            Schlagleistung . . . . S. 34
   2.3 Spezifischer Arbeitsaufwand des elektrischen Dreh-
       motors [Wh/Bm] in Abhängigkeit von der Vorschubkraft,
       Drehzahl und Schlagleistung . . . . S. 34
       2.31 Spezifischer Arbeitsaufwand des elektrischen
            Drehmotors [Wh/Bm] in Abhängigkeit von der
            Vorschubkraft . . . . S. 34
       2.32 Spezifischer Arbeitsaufwand des elektrischen
            Drehmotors [Wh/Bm] in Abhängigkeit von der Drehzahl S. 37

    2.33 Spezifischer Arbeitsaufwand des elektrischen
        Drehmotors [Wh/Bm] in Abhängigkeit von der
        Schlagleistung. S. 40

  2.4 Die Gesamtleistungsaufnahme in Abhängigkeit von der
      Bohrgeschwindigkeit. . . . . S. 42

  2.5 Bohrstangen- und Bohrschneidenverschleiß . . . . S. 47

  2.6 Folgerungen aus den Versuchen. . . . . S. 50

3. Zusammenfassung. . . . . S. 53

   Literaturverzeichnis . . . . S. 55

1. Einleitung

1.1 Abgrenzung der Aufgabe

In diesen Untersuchungen sollen die Zusammenhänge der beim Drehschlagbohren die Bohrgeschwindigkeit und den Verschleiß bestimmenden Faktoren geklärt und die Ergebnisse dargestellt werden.

Während das schlagende und drehende Bohrverfahren heute weitgehend erforscht sind, wurde bisher über die bohrtechnischen Zusammenhänge beim Drehschlagbohren wenig veröffentlicht. Wohl sind schon früher auf diesem Gebiet einige Versuche gemacht worden, eine umfassende Untersuchung jedoch über den Einfluß der für die Bohrgeschwindigkeit und den Verschleiß sehr wesentlichen Faktoren Vorschubkraft, Drehzahl und Schlagleistung lag bei Beginn dieser Untersuchung 1956 nicht vor. Bis zur Abfassung dieses Berichtes sind jedoch von englischen und amerikanischen Autoren Veröffentlichungen erschienen, die über Untersuchungen mit gleicher Zielsetzung berichten. Die neuesten wesentlichen Veröffentlichungen sind am Schluß angegeben.

Im Rahmen der Untersuchungen der GFBS wurden diese Arbeiten in Angriff genommen und in einem weichen Gestein (Wissenbacher Schiefer) und einem harten Gestein (Kahleberg Sandstein) des Erzbergwerkes Rammelsberg bei Goslar durchgeführt.

Die Aufgaben für die Versuche wurden durch die GFBS wie folgt festgelegt:

1) Festzustellende Größen
   11) Bohrgeschwindigkeit
   12) Verschleiß je Bohrmeter

2) Zu verändernde Größen
   21) Vorschubkraft
   22) Drehzahl
   23) Schlagleistung

3) Gleichbleibende Größen
   31) Bohrschneide
   32) Hartmetallqualität
   33) Nachschliffgüte.

Die unter Punkt 3) genannten Größen wurden konstant gehalten, um die
Zahl der Faktoren, die die unter Punkt 1) genannten Größen beeinflussen,
klein zu halten, und um den Einfluß, den die anderen drei wesentlichen
Faktoren: Vorschubkraft, Drehzahl und Schlagleistung bei sonst konstanten Bedingungen bewirken, klar zu erkennen.

1.2 Der Versuchsstand und seine Ausrüstung

1.21 Gesteine

Um die beschriebene Aufgabe lösen zu können, mußte der Versuchsstand
so eingerichtet werden, daß es möglich war, alle Bedingungen einzeln zu
variieren bzw., soweit erforderlich, konstant zu halten.

Eine der Hauptbedingungen, in möglichst homogenem Gestein die Versuche
durchzuführen, wurde durch das Entgegenkommen des Erzbergwerkes Rammelsberg erfüllt. Es stellte in der Tagesförderstrecke seines Werkes zwei
Versuchsörter zur Verfügung.

In dem ca. 100 m westlich vom Richtschacht gelegenen Versuchsort steht
Wissenbacher Schiefer an, der als ein sehr weiches und homogenes Gestein
anzusprechen ist (Bohrbarkeit und Härte: I-Wert nach SIEVERS = 308 und
Shore-Härte = 30). In dem ca. 80 m östlich des Richtschachtes gelegenen
Versuchsort steht Kahleberg Sandstein an. Dieser wird im deutschen
Bergbau als schwerbohrbares Gestein angesehen (Bohrbarkeit und Härte:
I-Wert nach SIEVERS = 1,7 und Shore-Härte = 75). Sein Vorkommen im Ver-
suchsort ist nicht sehr homogen. Bei der Auswertung wurden nur die Ver-
suchsergebnisse berücksichtigt, die in den Gesteinspartien, die der
oben angegebenen Bohrbarkeit und Härte entsprechen, erbohrt wurden.

Hiermit standen für die Versuche zwei Gesteinsarten zur Verfügung, die
in der für das bergmännische Bohren interessierenden Gesteinsskala als
weiche und harte Gesteine eingeordnet werden können.

1.22 Bohrgerät

Eine Voraussetzung war für die Untersuchung, daß die Drehzahl variiert
werden konnte. Mit den auf dem Markt befindlichen Durchschlagbohrmaschi-
nen ist das nur in gewissen Grenzen möglich. Es sind in der Regel nur
3 Drehzahlstufen zu erreichen. Dazu kommt, daß alle diese Geräte mit
einem Druckluftmotor ausgerüstet sind, so daß die Drehzahl unter

Belastung absinkt. Das ist ein Umstand, der die anzustellenden Versuche von vornherein beeinflussen konnte und damit die Vergleichbarkeit der Ergebnisse hätte infrage stellen können. Aus diesen Gründen wurde in der Werkstatt des GFBS in Clausthal eine Drehschlagbohrmaschine für diese grundlegenden Untersuchungen gebaut.

Für den Antrieb fiel die Wahl auf einen 11 kW-Elektromotor (Asynchronmotor) mit einer Nenndrehzahl von 2920 U/min. Zur Einstellung verschiedener Drehzahlen wurden zwei Getriebe eingebaut, und zwar ein Kfz-Getriebe mit 5 Gangstufen und das zweistufige Getriebe der Salzgitter Vibro-Bohrmaschine V 90. Mit dem letzteren war zugleich die Übertragung des Drehmomentes auf die Bohrstange gegeben. - Damit standen insgesamt 10 Drehzahlstufen zur Verfügung. Zwischen dem Motor und dem Kfz-Getriebe ist eine elastische Kupplung eingebaut und zwischen beiden Getrieben eine Überlast-Rutschkupplung. Sämtliche Aggregate sind auf einem stabilen Schlitten montiert. Das Schlaggerät, von der Firma Krupp-ESMA für diesen Zweck hergestellt, ist neben dem Salzgittergetriebe angebracht. Der Aufbau der Bohrmaschine kann aus der Abbildung 1 ersehen werden.

A b b i l d u n g   1

Aufbau des Bohraggregates

Die Bohrmaschine gleitet auf einer stabilen Lafette. Die erforderliche Vorschubkraft wird durch die in die Lafette eingebaute komplette Vorschubvorrichtung der Vibro-Bohrmaschine V 90 erzeugt. Durch diese Vorschubeinrichtung kann die einmal eingestellte Vorschubkraft automatisch in sehr engen Grenzen konstant gehalten werden. Wegen des erheblichen Gewichtes und der Länge von Bohrmaschine mit Lafette mußte für die Bohrversuche ein Bohrgerüst gebaut werden, das in seinem Aufbau dem des Clausthaler Einheitsvorschubgerätes ähnelt. Zwei rechteckige Rahmen, ein vorderer und ein hinterer, die durch Längsträger verbunden sind, bilden das Grundgerüst. Im vorderen und hinteren Rahmen ist je eine in der Höhe verstellbare Quertraverse angebracht, auf der die Bohrlafette seitlich verschiebbar ruht. Diese Einrichtung ermöglicht es, den ganzen Raum innerhalb des Rahmens zu bestreichen und stets parallele Löcher zu bohren. Der Aufbau des in der Ortsbrust verankerten Gerüstes geht aus der Abbildung 2 hervor.

A b b i l d u n g   2
Aufbau des in der Ortsbrust verankerten Bohrgerüstes

1.23 Bohrstangen und Bohrschneiden

Als Bohrstangen wurden Hohlbohrstangen (Rundstangen), 32 mm Außendurchmesser, 8 mm Innendurchmesser, 3150 mm lang, mit Flügeleinsteckende und einem Konus (1 : 12) zum Befestigen der Schneide verwendet.

Als Bohrschneide kam die heute als Standardform für das Drehschlagbohren angesehene Bohrschneide zur Anwendung. Die wesentlichen Merkmale dieser Bohrschneide gehen aus Abbildung 3 hervor. Die Hartmetallsorte war G 2.

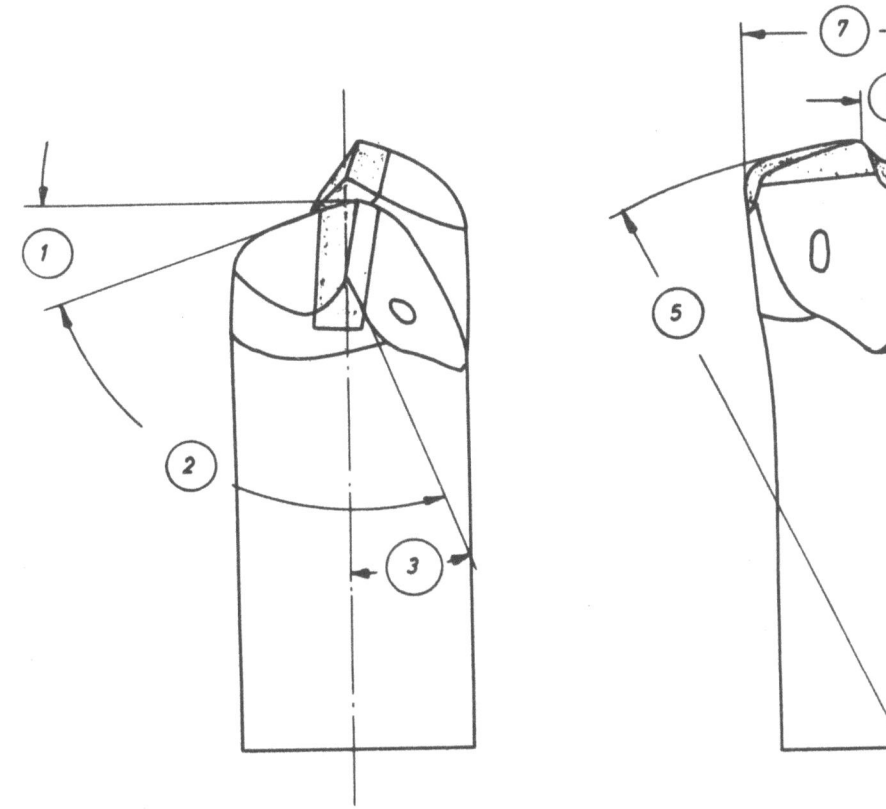

① Freiwinkel = 25-30°

② Keilwinkel = 90°

③ Spanwinkel = -20-30°

④ Konischer Freiwinkel oder Konizität = 5°

⑤ Schneidenradius = 80-100 mm

⑥ Kerbbreite = 5-6 mm

⑦ Schneidendurchmesser = 40 mm

A b b i l d u n g   3

Die Form der verwendeten Bohrschneide

1.24 Hilfseinrichtungen

Die erforderliche Druckluftspannung lieferte ein einstufiger Zwischenverdichter der Firma FMA/Pokorny, der 18 m³/min von 4 auf 8 atü verdichtet. Durch einen nachgeschalteten Speicherkessel von 10 m³ Inhalt wurde die durch den Zwischenverdichter bedingte Pulsation der Druckluftspannung weitgehend ausgeschaltet.

Abbildung 4

Zwischenverdichter mit Speicherkessel

Um am Versuchsort die gewünschte Druckluftspannung einstellen zu können, wurde in die Druckluftleitung ein Druckeinstellregler der Firma Dreyer, Rosenkranz & Droop eingebaut. Dieses Gerät hält die einmal eingestellte Druckluftspannung unabhängig von der abgenommenen Luftmenge unbedingt konstant (Genauigkeit etwa $\pm$ 0,05 atü). Ein zweites Gerät konnte bei Bedarf an eine parallel geschaltete Luftleitung angeschlossen werden (Abb. 5). Dadurch standen am Versuchsort zwei verschiedene Druckluftspannungen zur Verfügung.

Abbildung 5

Druckeinstellregler

Der Druck im Wassernetz reichte im Niveau des Versuchsstandes nicht aus. Deshalb wurde ein 1,5 m³-Wasserkessel jeweils gefüllt und das Wasser dann durch Druckluft in die Leitung zur Bohrmaschine gedrückt. Durch ein Reduzierventil konnte der Wasserdruck beliebig geregelt werden.

Für das Nachschleifen der Bohrschneiden diente eine durch einen Druckluftmotor angetriebene Schleifscheibe.

1.25 Meßausrüstung

Der Wert aller Versuche hängt von der fehlerfreien Erfassung der Meßwerte ab, deren Genauigkeit von der Güte der Meßausrüstung bestimmt wird.

Die große Zahl der beim Durchschlagbohren zu messenden Größen bedingt eine umfangreiche Meßausrüstung. Nachstehend sind die Größen genannt, die zu messen waren. Dabei sollen zwei Gruppen unterschieden werden, nämlich erstens die Größen, die sich durch Messungen vor bzw. nach dem Versuch bestimmen lassen und zweitens die Werte, die während des Versuches abgelesen und protokolliert werden müssen.

Zur ersten Gruppe gehören:

- Verschleiß an der Bohrschneide
- Bohrweg.

Zur zweiten Gruppe gehören:

- Vorschubkraft
- Drehzahl
- Schlagzahl
- Druckluftspannung
- Druckluftverbrauch
- Spülwasserdruck
- Spülwasserverbrauch
- Aufgenommene Leistung des Drehmotors.

Die große Zahl der zu messenden Größen der zweiten Gruppe zeigt die Schwierigkeit, alle Werte durch Ablesen am Versuchsort und Protokollierung während des Versuches festzuhalten. Es mußte ein Weg gefunden werden, die Werte automatisch zu registrieren, um sie dann später auszuwerten.

Deshalb wurden die Meßwerte elektrisch auf zentral angeordnete Anzeigegeräte übertragen und diese mit einer automatischen Kamera während des Versuches fotografiert. Im folgenden soll die Meßausrüstung beschrieben werden.

Zur Messung des Verschleißes an der Bohrschneide diente ein einfaches Meßgerät, in welchem die Schneide vor und nach dem Versuch fixiert und jeweils die Schneidenhöhe gemessen wurde. Abbildung 6 zeigt dieses Verschleißmeßgerät.

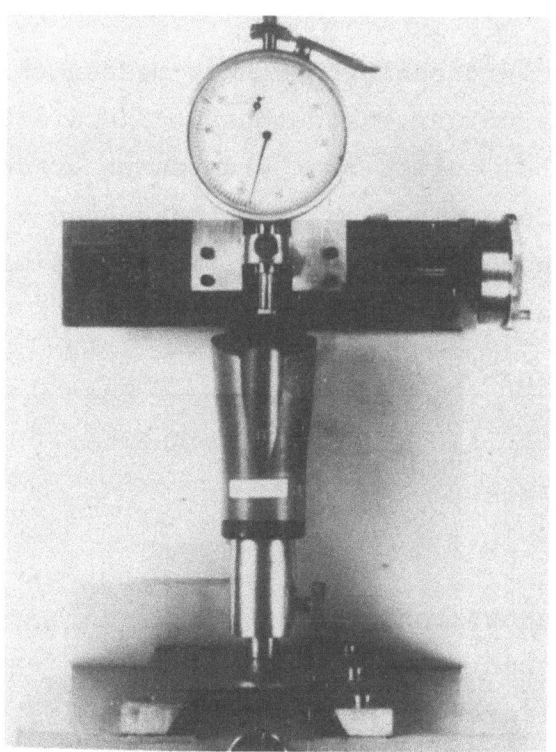

A b b i l d u n g   6

Verschleißmeßgerät

Der Schneidenverschleiß konnte dann als Höhenverlust der Schneide angegeben werden. Dieser Weg konnte gewählt werden, da bei Beginn jedes Versuches die Schneiden gleich angeschliffen waren. Der Bohrweg wurde durch an der Lafette angebrachte Wegmarken und einen am Schlitten befestigten Zeiger bestimmt.

Die Vorschubkraft wurde durch eine empfindliche hydraulische Kraftmeßdoese mit nachgeschaltetem Manometer gemessen.

Auf die Messung der Drehzahl konnte verzichtet werden, da ein wesentliches Merkmal des Asynchronmotors seine konstante Drehzahl ist. Da die Übersetzungsverhältnisse der Getriebe bekannt waren, lag die Bohrstangendrehzahl stets von vornherein fest.

Durch Auszählen von Diagrammen, die mit einem Tastschwingungsschreiber aufgezeichnet wurden, konnte die Schlagzahl ermittelt werden.

Die Bohrzeit wurde durch eine Stoppuhr ermittelt und mit einer zweiten Stoppuhr kontrolliert.

Zur Messung und Kontrolle der Druckluftspannung am Schlaggerät war auf dem Druckeinstellregler ein Manometer montiert.

Der Druckluftverbrauch wurde über einen Durchflußmengenmesser der Fa. Krohne gemessen. Das Gerät arbeitete mit einem induktiven Meßwertgeber, der die Anzeige auf ein Anzeigegerät überträgt.

Zur Messung von Spülwasserdruck und Spülwassermenge standen ein einfaches Manometer und eine Wasseruhr zur Verfügung, die beide neben den übrigen Anzeigegeräten eingebaut waren.

Die aufgenommene Leistung des Drehmotors wurde über einen in die Zuleitung eingebauten Stromwandler mit einem Wattmeter gemessen.

Alle Anzeigegeräte waren in einem besonderen Raum auf einer Meßtafel angeordnet (Abb. 7).

A b b i l d u n g   7

Meßraum

Diese Tafel wurde während des Bohrens durch zwei Reflektoren (je 500 Watt Nitraphot-Lampen) angestrahlt und durch eine fest eingespannte automatische Kamera (ROBOT) fotografiert. Die Auslösung der Kamera wurde am Versuchsort durch einen elektrischen Kontakt betätigt und auf die Kamera durch einen Magnetauslöser übertragen.

Zur Betrachtung und Auswertung der entwickelten Filme stand ein Projektionsapparat in Verbindung mit einem Betrachtungskasten zur Verfügung, der eine genaue Ablesung der fotografierten Instrumente ermöglicht.

1.3 Durchführung der Bohrversuche

In den vorangegangenen Abschnitten wurde über die Ausrüstung des Versuchsstandes berichtet. Eine Beschreibung der technischen Durchführung der Versuche soll folgen.

Grundsätzlich waren zwei Arten von Versuchen durchzuführen:

1) Die jeweils nach dem Herausschießen eines Abschlages wiederkehrenden Versuche zur Feststellung der Homogenität des Gesteins innerhalb der abzubohrenden Fläche und zum Vergleich mit vorausgegangenen Abschlägen.

   Dazu wurden in den 4 Ecken der Ortsbrust und in der Mitte je 2 Löcher unter gleichen Bedingungen gebohrt. Ein Vergleich der erhaltenen Werte für Bohrgeschwindigkeit und aufgenommener Motorleistung ließ dann Schlüsse auf die Homogenität des Gesteins eines Abschlages zu.

2) Die Hauptversuche zur Klärung der Einflüsse der drei Faktoren Vorschubkraft, Drehzahl und Schlagleistung.

1.31 Versuchsvorbereitungen

Die Versuchsvorbereitungen waren naturgemäß bei der umfangreichen und komplizierten Versuchseinrichtung recht zeitraubend.

Die Instrumente mußten früh genug eingeschaltet werden, da sie zum Teil eine gewisse Einbrennzeit benötigten. Von Zeit zu Zeit waren sie zu überprüfen und, wenn nötig, nachzueichen.

Der Wasserkessel wurde täglich u.a. mehrmals gefüllt und der Wasserdruck eingestellt.

Besondere Sorgfalt erforderte es, das Bohrgerät in gutem und gleichmäßigem Schmierzustand zu erhalten. Ein Schmierplan, der genau eingehalten werden mußte, sollte das garantieren.

Vor jedem Bohrversuch war das Protokollblatt vorzubereiten und die entsprechende Eintragung auf der Meßtafel vorzunehmen. Während dieser Zeit wurde die Bohrmaschine vor dem jeweils zu bohrenden Loch in die Bohrstellung gebracht.

Nachdem dann die Druckluftspannung am Schlaggerät einreguliert und Vorschubkraft und Drehzahl eingestellt waren, konnte mit der Versuchsdurchführung begonnen werden.

1.32 Versuchsverlauf

Während die Versuchsvorbereitungen umfangreich und zeitraubend waren, lief der Versuch selbst dank der automatischen Meßausrüstung und der eingebauten Regelanlage ohne Eingriffe der Bedienungsleute ab.

Um ein Verlaufen der relativ engstehenden Löcher zu vermeiden, das evtl. die Meßergebnisse verfälscht hätte, wurde jedes Loch mit äußerster Sorgfalt bis auf eine Mindesttiefe von 10 cm angebohrt. Dann wurde die Maschine noch einmal gestoppt, um letzte Korrekturen vorzunehmen. Waren alle Vorbedingungen erfüllt, begann an der ersten von der Bohrmaschine überfahrenen Langenmarkierung der Lafette der Meßweg, der sich bis zum Ende der Lafette erstreckte, im Durchschnitt 200 cm. Während der Zeit, die bis zum Erreichen der größten Bohrlochlänge verging, konnte sich der Versuchsleiter ausschließlich der Überwachung des Bohrvorganges widmen, während der Helfer jeweils beim Überfahren einer Wegmarke den Auslöser der fotografischen Registrierung betätigte. Nach Überfahren der Endmarke wurde die Bohrmaschine gestoppt und in die Anfangsstellung zurückgefahren.

1.33 Messung zu den Versuchen

Wie bereits berichtet, wurden die Meßwerte durch Fotografieren einer Anzeigetafel nach jeweils 10 bzw. 20 cm festgehalten. Da die Drehzahl durch die konstante Motorendrehzahl und die Getriebestellung von vornherein feststand, war während des Versuches nur noch die Schlagzahl zu ermitteln. Zu diesem Zweck wurde der Tastschwingungsschreiber mehrmals im Verlauf eines Versuches an eine im Takt der Schläge des Schlaggerätes vibrierende Stelle, z.B. Zylinderdeckel oder Druckluftschlauch, angehalten, um die Aufzeichnung auf dem Diagrammstreifen zu erhalten.

Auf Verschleißmessungen konnte im Wissenbacher Schiefer verzichtet werden. In diesem Gestein trat bei 2 Bm ein so minimaler Verschleiß auf, daß jeweils größere Bohrlängen nötig gewesen wären, um meßbare Größen zu erhalten. Bei den Versuchen im Kahleberg Sandstein wurde vor und nach jedem Bohrloch die Bohrschneide vermessen.

Es wurden also während des Versuches neben der Schlagzahlmessung nur die am Versuchsort befindlichen Anzeigeinstrumente überwacht und außerdem, da die entwickelten Filme erst jeweils 2 Tage später zur Verfügung standen, mit einer Stoppuhr die für den gesamten Bohrweg ermittelte Zeit gestoppt, um eine zusätzliche Kontrolle für die Bohrgeschwindigkeit zu haben.

1.34 Protokollierung der Meßwerte

Die Meßwerte konnten dank der fotografischen Registrierung völlig unabhängig von den Versuchen protokolliert werden.

Abbildung 8 zeigt ein ausgefülltes Protokollblatt. Bei jeder Änderung der Versuchsbedingungen wurde eine neue Ziffer genommen und eine gesondert geführte Liste gab Auskunft über die zu dieser Nr. gehörenden Bedingung.

Für jedes Bohrloch lag alle 10 bzw. 20 Zentimeter eine Aufnahme vor, für durchschnittlich 2 Bm also jeweils 21 bzw. 11 Aufnahmen. Die Abbildung 9 zeigt eine Aufnahme der Meßgeräte.

Für jede Meßgröße lagen also 21 bzw. 11 Werte vor, die gleichmäßig über die Länge des Bohrloches verteilt waren. Dadurch konnte ein brauchbarer Mittelwert gebildet werden, und außerdem bestand die Möglichkeit, Werte, die durch Inhomogenität des Gesteins oder andere Unregelmäßigkeiten aus dem Rahmen fielen, auszuscheiden.

Versuch-Nr.: 63		Loch-Nr.: 1		Bohrstange-Nr.: 2					Bohrschneide-Nr.: 2				
gebohrte Länge	cm	0	20	40	60	80	100	120	140	160	180	200	200
Zeitablesung	min	5,68	5,88	6,08	6,25	6,40	6,54	6,69	6,85	7,03	7,19	7,35	
Zeit p. Abschn.	min	0,20	0,20	0,20	0,17	0,15	0,14	0,15	0,16	0,18	0,16	0,16	
Bohrgeschw.	cm/min	100	100	100	118	133	143	133	125	111	125	125	
Ges.-Bohrzeit	min		0,20	0,40	0,57	0,72	0,86	1,01	1,17	1,35	1,51	1,67	1,67
Bohrgeschw.	cm/min	100	100	100	103	111	116	119	120	118	119	120	120
Hammerluftdr.	atü	6,0	6,0	6,0	6,0	6,0	6,0	6,0	6,0	6,0	6,0	6,0	6,0
Abgel. Luftverbr.	mV	7,0	8,0	9,5	8,0	8,5	11,0	8,5	10,0	8,0	8,5	8,0	8,8
Luftverbrauch	Nm³/min												5,5
Wasserdruck	atü	5,5	5,6	5,6	5,5	5,5	5,5	5,4	5,6	5,5	5,5	5,4	5,51
Anz. Wasseruhr	1	38	43	48	53	57	60	64	68	73	77	81	43
Wasserverbr.	l/min												25,8
Vorschubkraft	kg	700											700
Drehz.Anzeige	U/min												
Drehzahl	U/min	292											292
Aufgen.Motorlstg.	kW	4,6	5,0	5,0	5,5	5,8	5,8	5,7	5,8	4,8	5,0	5,6	5,33
Abgeg.Drehmom.	mkg												
Schlagzahl	1/min	4310											4310
Schlagarbeit	mkg												

Umrechnungsfaktoren:

Luftverbrauch: Drehzahl: Drehmoment:

Bemerkungen:

A b b i l d u n g   8

Versuchsprotokoll

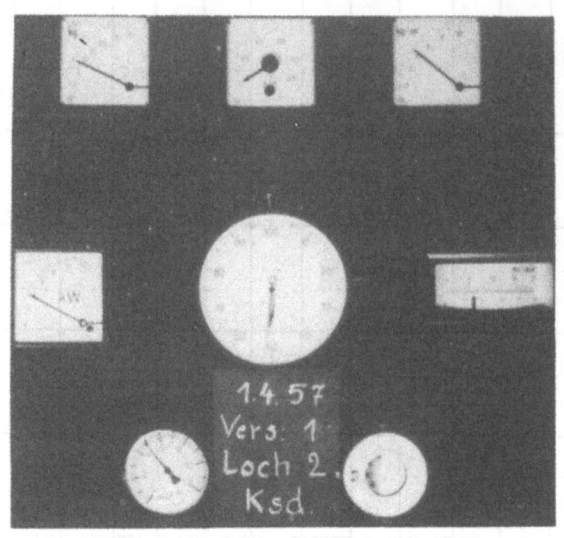

Abbildung 9

Aufnahme der Meßgeräte

1.35 Auswertung der Meßergebnisse

Von jedem Bohrloch lag auf dem Protokollblatt zu jeder einzelnen Meßgröße ein Mittelwert mehrerer Meßwerte vor. Am Anfang, ehe die Genauigkeit, mit der die Versuchsanlage arbeitete, bekannt war, wurden jeweils mehrere Löcher unter den gleichen Versuchsbedingungen gebohrt und aus diesen Versuchsergebnissen der arithmetische Mittelwert gebildet. Später konnte darauf verzichtet werden, wenn nicht die aus der mitgestoppten Zeit ermittelte Bohrgeschwindigkeit zu zweifeln Anlaß gab.

Um auch die Standlängen der Einsteckenden, Bohrstangen und Bohrschneiden zu erfassen, wurden darüber Karteien geführt. Darin sind die jeweils gebohrten Meter neben den Versuchsnummern aufgeführt und bei den Schneiden der Verschleiß, soweit er meßbar war. Brauchbare Werte für die Praxis sind dabei allerdings nicht zu erreichen. Man muß berücksichtigen, daß extreme Versuchsbedingungen, die z.T. benutzt werden mußten, zu vorzeitigen Brüchen führten. Ferner konnten die Bohrschneiden nicht bis zu einem im Betrieb üblichen Maße abgebohrt werden, um die Ergebnisse nicht zu verfälschen, so daß sich eine höhere Zahl von Anschliffen ergab.

2. Versuchsergebnisse

An dieser Stelle soll noch einmal darauf hingewiesen werden, daß die einzelnen Meßwerte der Diagramme Mittelwerte sind, die sich bei der Erlängung eines 200 cm langen Bohrloches aus den alle 20 cm vorgenommenen Zwischenmessungen ergaben (siehe Versuchsprotokoll, Abb.8). Die über eine Bohrlochlänge von 200 cm aufgenommenen Zwischenwerte lassen den möglichen Einfluß von Gesteinsveränderungen während des Bohrens erkennen und gestatten es mit Sicherheit, die Meßwerte als nicht repräsentativ zu erkennen, die dadurch aus dem Rahmen fallen.

Bei der Auswertung konnten dann diese Werte unberücksichtigt bleiben bzw. der ganze Versuch als unbrauchbar verworfen werden.

2.1 Die Bohrgeschwindigkeit in Abhängigkeit von der Vorschubkraft, Drehzahl und Schlagleistung

1.11 Die Bohrgeschwindigkeit in Abhängigkeit von der Vorschubkraft

Beim Drehschlagbohren fällt der Vorschubkraft die Aufgabe zu, einen stetigen Eingriff der Schneide in das Gestein zu gewährleisten. Aus der Kenntnis ihrer Funktion beim schlagenden Bohren und beim drehenden Bohren steht von vornherein fest, daß sie größer sein muß als beim ersteren Verfahren, da sie neben dem Betrag, der zur Herstellung des Impulsgleichgewichtes des Schlagwerkes erforderlich ist, eine zusätzliche spanabhebende Bearbeitung der Bohrlochsohle gewährleisten muß. Sicher ließ sich von vornherein vermuten, daß sie bei gleicher Bohrgeschwindigkeit kleiner sein wird als beim drehenden Bohren, da das Eindringen der Schneide in das Gestein im Gegensatz zum drehenden Bohren hier durch die Schlagarbeit unterstützt wird.

In Abbildung 10 ist die Abhängigkeit der Bohrgeschwindigkeit von der Vorschubkraft unter sonst gleichen Bedingungen aufgezeichnet, wie sie sich in den beiden Gesteinen, Kahleberg Sandstein und Wissenbacher Schiefer, ergab.

In beiden Fällen steigt die Bohrgeschwindigkeit mit zunehmender Vorschubkraft, wobei der Anstieg der Kurve im Schiefer steiler ist als im Sandstein.

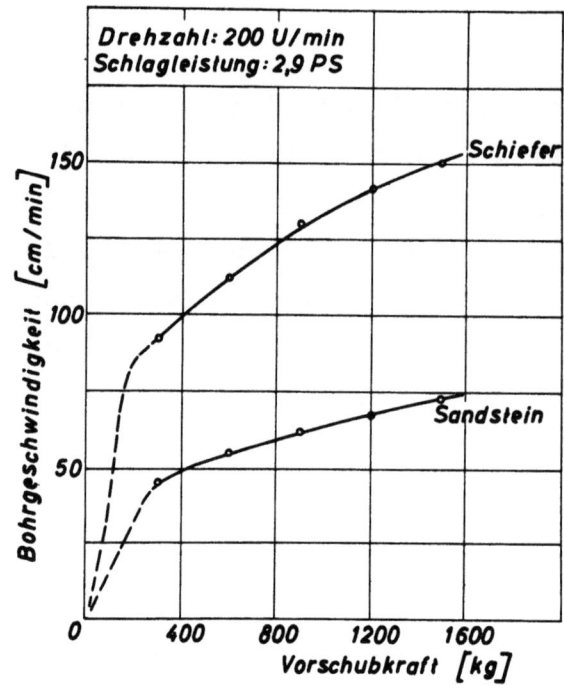

Abbildung 10

Bohrgeschwindigkeit in Abhängigkeit von der Vorschubkraft

Während im Schiefer die Bohrgeschwindigkeit bei fünffacher Steigerung der Vorschubkraft (von 300 auf 1500 kg) von ca. 92 auf 150 cm/min steigt, also um rd. 64%, wächst sie im Sandstein nur von 45 auf 70 cm/min, also um 55%; in ihrer absoluten Höhe liegt die Bohrgeschwindigkeit bei allen gemessenen Vorschubkräften beim Sandstein etwa um 50% niedriger als im Schiefer.

Bemerkenswert ist, daß die prozentuale Zunahme, bezogen auf den Ausgangswert, fast gleich ist.

Der Aufbau des Versuchsgerätes ließ eine weitere Steigerung der Vorschubkräfte über 1600 kg nicht zu.

In den folgenden Abbildungen 11 und 12 wird der Einfluß der Vorschubkraft auf die Bohrgeschwindigkeit bei verschiedenen Schlagleistungen als Parameter ersichtlich. Diese Kurven lassen schon bemerkenswerte Aussagen über das Wesen des Drehschlagbohrens zu, die in dieser Form durch entsprechende Versuche erhärtet bisher noch nicht möglich waren.

1) Die relative Zunahme der Bohrgeschwindigkeit bei zunehmender Vorschubkraft nimmt bei wachsender Schlagleistung ab.

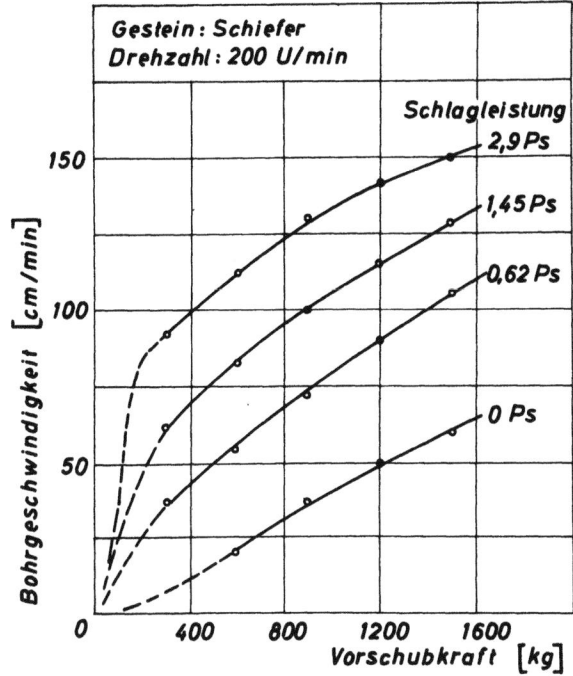
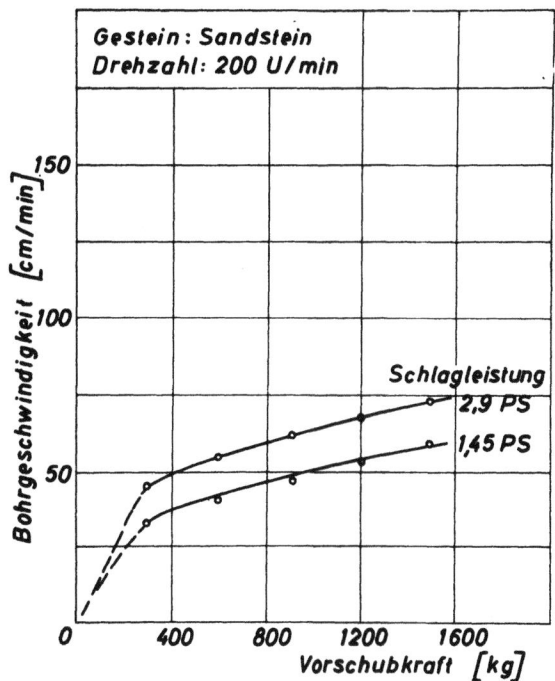

Abbildung 11

Bohrgeschwindigkeit in Abhängigkeit von der Vorschubkraft bei verschiedenen Schlagleistungen (Gestein: Schiefer)

Abbildung 12

Bohrgeschwindigkeit in Abhängigkeit von der Vorschubkraft bei verschiedenen Schlagleistungen (Gestein: Sandstein)

Wenn die Bohrgeschwindigkeit ohne Schlagleistung (bei 0 PS Schlagleistung wurde das Schlagwerk außer Betrieb gesetzt und mit einer Drehschlagbohrschneide nur drehend gebohrt) bei einer Steigerung der Vorschubkraft von 600 auf 1500 kg, also 150% um 200% von 20 auf 60 cm/min zunimmt, nimmt sie bei derselben Erhöhung der Vorschubkraft bei 2,9 PS Schlagleistung nur noch um 34% zu und zwar von 112 auf 150 cm/min.

2) Die Kurven verlaufen in dem untersuchten Teil von 300 - 1500 kg Vorschubkraft annähernd parallel, d.h. mit anderen Worten: die Schlagleistung ist nur für den Ausgangspunkt der Kurven ab einer bestimmten Vorschubkraft verantwortlich. Von diesem Punkt an, der etwa bei 200 bis 300 kg liegt, ist die absolute Erhöhung der Bohrgeschwindigkeit bei allen Schlagleistungen gleich, die Kurven der Bohrgeschwindigkeit haben dieselbe Steigung.

3) Verlängert man die Kurve der Bohrgeschwindigkeit für 0 PS Schlagleistung über den untersten Meßpunkt weiter nach links, so schneidet sie bei rd. 250 kg Vorschubkraft die Abszisse, d.h., bei diesem Punkt beginnt eine merkbare Bohrgeschwindigkeit, die allein auf das drehende Bohren zurückzuführen ist. Beim Drehschlagbohren wäre dieses also die Mindestvorschubkraft für den spanabhebenden Vorgang auf der Bohrlochsohle.

Nimmt man nun an, daß die Parallelität der Kurven der Bohrgeschwindigkeit in Abhängigkeit von der Vorschubkraft mit der Schlagleistung als Parameter etwa bei dieser Vorschubkraft von 250 kg beginnt, so hieße dies, daß bis zu dieser Grenze die Vorschubkraft lediglich für das schlagende Bohren in Anspruch genommen wird, wobei der Drehmotor lediglich das Umsetzen der Schneide übernimmt.

Erst von diesem Punkt an beginnt neben der durch das Schlagen bewirkten Gesteinszertrümmerung die spanabhebende Wirkung des drehenden Bohrens.

Der steile Anstieg der Bohrgeschwindigkeit im Bereich geringerer Vorschubkräfte als 200 kg wird also nur auf den Schlagbohranteil zurückzuführen sein.

Für die in der Abbildung 12 gezeigten Verhältnisse beim Kahleberg Sandstein gilt ohne Einschränkung das oben für den Schiefer Gesagte; nur ließ dies Gestein einen Bohrversuch mit geringeren Schlagleistungen als 1,45 PS nicht zu, da bei allen Vorschubkräften hier der Verschleiß zu stark war und die Erlängung eines 2 m-Bohrloches unmöglich machte.

Ein rein drehendes Bohren in diesem Sandstein ist unmöglich, und aus Abbildung 12 ist ersichtlich, daß bei einer Schlagleistung von 2,9 PS die Bohrgeschwindigkeit nur von etwa 45 cm/min auf 70 cm/min steigt, also um rd. 55%, wenn die Vorschubkraft um den fünffachen Betrag von 300 kg auf 1500 kg gesteigert wird.

Auch hier liegen die beiden Kurven der Bohrgeschwindigkeit bei verschiedenen Schlagleistungen und zunehmender Vorschubkraft fast parallel.

Für den <u>untersuchten Bereich</u> von 300 - 1500 kg Vorschubkraft genügen die Kurven der einfachen Formel

$$v = a + bx,$$

wobei a abhängig ist von der Schlagleistung und vom Gestein, während
b nur eine Gesteinskonstante ist.

2.12 Die Bohrgeschwindigkeit in Abhängigkeit von der Drehzahl

In Abbildung 13 ist für Kahlebergsandstein und Wissenbacher Schiefer
die Bohrgeschwindigkeit in Abhängigkeit von der Drehzahl mit der Vorschubkraft als Parameter aufgetragen. Die Kurven zeigen, daß jede Vorschubkraft eine bestimmte Drehzahl verlangt, um bei sonst gleichen Bohrbedingungen die größte Bohrgeschwindigkeit zu erreichen.

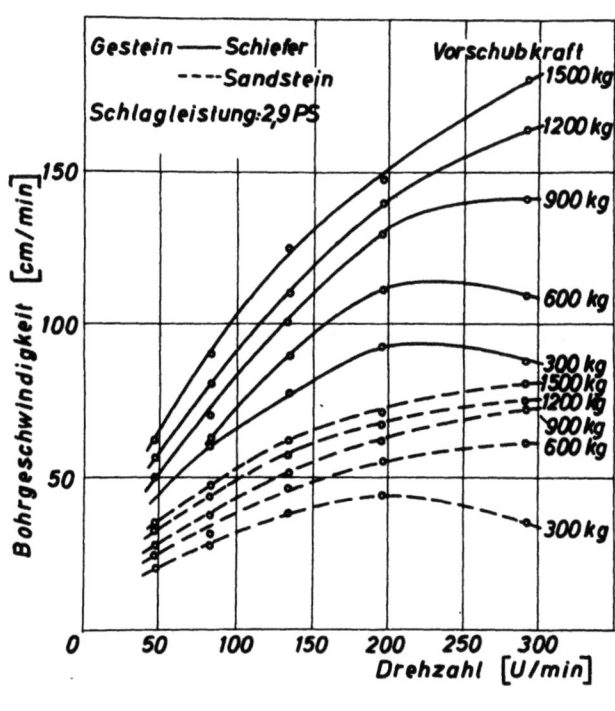

Abbildung 13

Bohrgeschwindigkeit in Abhängigkeit von der Drehzahl bei verschiedenen
Vorschubkräften

Bei allen Vorschubkräften steigt zunächst die Bohrgeschwindigkeit mit
zunehmender Drehzahl. Während für Sandstein bei 300 kg Vorschubkraft
und für Schiefer bei 300 und 600 kg Vorschubkraft bei einer bestimmten
Drehzahl (optimaler Drehzahl) ein Maximum an Bohrgeschwindigkeit erreicht wird, steigt bei höheren Vorschubkräften die Bohrgeschwindigkeit im untersuchten Drehzahlbereich weiter an. Wie aus den Kurven für
Schiefer hervorgeht, verschiebt sich die optimale Drehzahl mit zuneh-

mender Vorschubkraft nach rechts, d.h., mit steigender Vorschubkraft muß auch die Drehzahl erhöht werden, um bei sonst gleichen Bohrbedingungen die größte Bohrgeschwindigkeit zu erzielen.

Die Abbildungen 14 bis 19 zeigen den Einfluß der Drehzahl auf die Bohrgeschwindigkeit bei verschiedenen Vorschubkräften mit der Schlagleistung als Parameter.

Bei 300 kg Vorschubkraft (Abb. 14 und 15) ist für beide Gesteine eine stärkere Ausprägung der erwähnten optimalen Drehzahl mit steigender Schlagleistung festzustellen, die auch für Schiefer bei 600 kg Vorschubkraft und 2,9 PS Schlagleistung (Abb. 16) noch sichtbar ist, während sie hier bei geringeren Schlagleistungen noch nicht ausgeprägt ist.

Diese Tendenz besagt, daß bei Vorschubkräften von 300 kg bzw. 600 kg mit steigender Schlagleistung die Einhaltung der optimalen Drehzahl an Bedeutung gewinnt, da sowohl bei Über- und Unterschreiten derselben die Bohrgeschwindigkeit mit zunehmender Schlagleistung schneller abfällt. Hier gelten also scheinbar die Überlegungen, die beim schlagenden Bohren für die Größe des Umsetzwinkels nach eingehenden Untersuchungen angestellt wurden.

Bei höheren Vorschubkräften (Abb. 18 und 19) ist für beide Gesteine kein klarer Einfluß der Schlagleistung auf die Zunahme der Erhöhung der Bohrgeschwindigkeit bei zunehmender Drehzahl in dem untersuchten Bereich zu erkennen. Es zeigt sich jedoch, daß beim Schiefer eine Erhöhung der Drehzahl über 300 U/min hinaus noch ein wesentlicher proportionaler Anstieg der Bohrgeschwindigkeit vorhanden ist, während beim Sandstein der Verlauf der Kurve bei Erhöhung der Drehzahlen von 200 auf 300 U/min wesentlich flacher wird als zwischen 50 und 200 U/min.

Es kann als Versuchsergebnis über den Einfluß der Drehzahl festgehalten werden:

1) Der Sandstein hat bei 300 kg und der Schiefer bei 300 und 600 kg Vorschubkraft eine optimale Drehzahl, die mit steigender Schlagleistung stärker ausgeprägt wird.

2) Bei Vorschubkräften über 900 kg steigt die Bohrgeschwindigkeit im untersuchten Bereich mit zunehmender Drehzahl, wobei die Schlagleistung, abgesehen von der Höhe der Kurven keinen merkbaren Einfluß auf deren Verlauf ausübt.

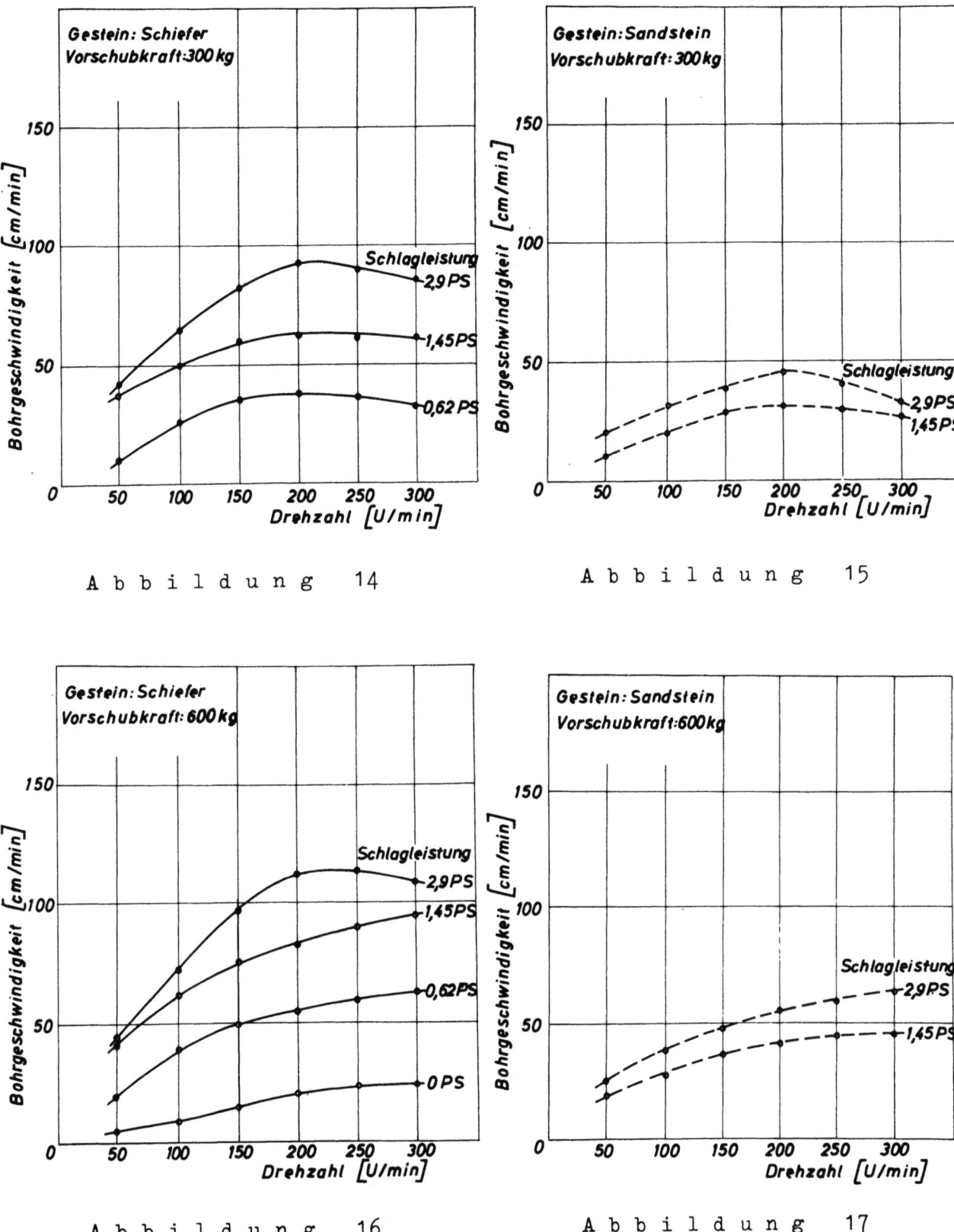

Bohrgeschwindigkeit in Abhängigkeit von der Drehzahl bei verschiedenen Schlagleistungen

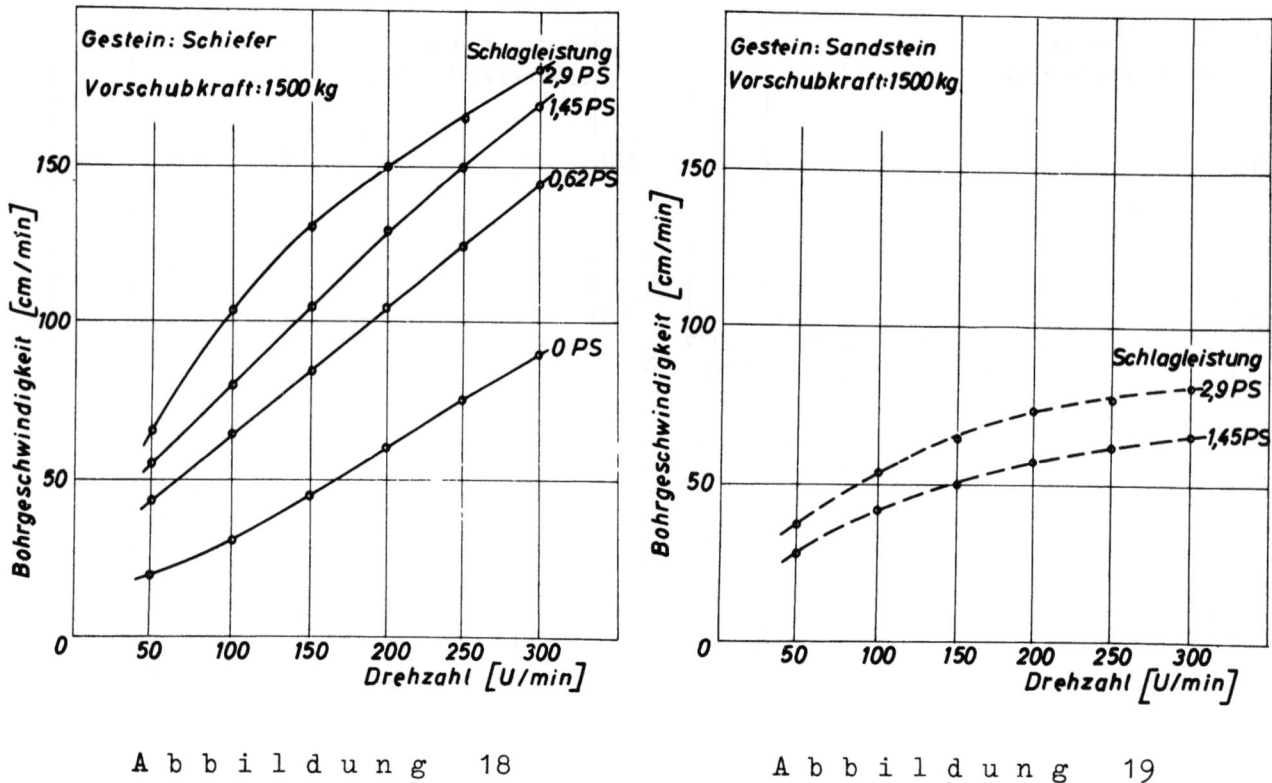

Abbildung 18   Abbildung 19

Bohrgeschwindigkeit in Abhängigkeit von der Drehzahl bei verschiedenen
Schlagleistungen

3) Während beim Schiefer bei 1500 kg bei allen Schlagleistungen noch
ein annähernd proportionales Ansteigen der Bohrgeschwindigkeit bei
zunehmender Drehzahl erfolgt, wird beim Sandstein im Bereich von
200 bis 300 U/min dieses Ansteigen immer geringer; das läßt den
Schluß zu, daß bei harten Gesteinen die optimalen Drehzahlen, d.h.,
die Drehzahlen mit der größten Bohrgeschwindigkeit, kleiner sind als
in weichen Gesteinen.

2.13 Abhängigkeit der Bohrgeschwindigkeit von der Schlagleistung

Bei Erläuterung der Größe muß vorausgeschickt werden, daß die Schlagleistung aus dem Produkt von Schlagzahl und Schlagarbeit errechnet ist.
Während die Schlagzahl - wie oben erwähnt - bei den Versuchen laufend
gemessen und kontrolliert wurde, sind die Werte für die Schlagarbeit
laut Angabe der Herstellerfirma des Schlaggerätes eingesetzt worden. Da
Schlagzahl und Schlagarbeit von der Druckluftspannung am Schlaggerät
abhängig sind, konnten auf diesem Wege verschiedene Schlagleistungen
eingestellt werden (s.Tab.1).

Tabelle 1

Schlagleistung, errechnet aus Schlagarbeit und Schlagzahl für verschiedene Druckluftspannungen am Schlagwerk

Druckluftspannung am Schlagwerk [atü]	Schlagzahl [1/min]	Schlagarbeit [mkg]	Schlagleistung [PS]
0	-	-	-
1,25	2465	0,15	0,08
2,5	3095	0,9	0,62
4,0	3750	1,75	1,45
6,0	4500	2,9	2,9

In Abbildung 20 ist die Bohrgeschwindigkeit in Abhängigkeit von der Schlagleistung bei verschiedenen Vorschubkräften und einer Drehzahl von 200 U/min dargestellt, aus der der Einfluß der Schlagleistung auf die Bohrgeschwindigkeit hervorgeht.

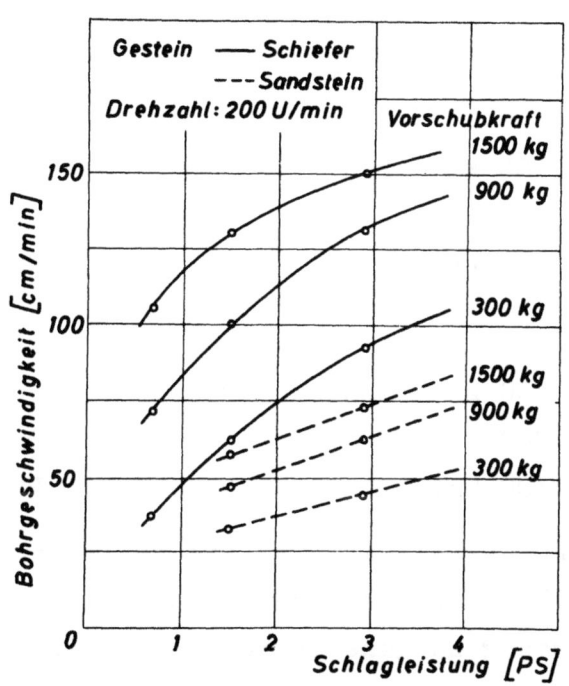

Abbildung 20

Bohrgeschwindigkeit in Abhängigkeit von der Schlagleistung bei verschiedenen Vorschubkräften

Die Bohrgeschwindigkeit wächst mit steigender Schlagleistung. Der Anstieg der Kurven ist im Schiefer größer als im Sandstein. Diese Erscheinung, die allgemein bekannt ist, wird auf das Größerwerden von Kerbtiefe und Kerbbreite mit steigender Schlagarbeit zurückgeführt.

Wie in Abbildung 20 ersichtlich, laufen die Kurven bei verschiedenen Vorschubkräften nahezu parallel und weisen nur in ihrer Höhe einen Unterschied auf, der auf den Drehbohranteil zurückzuführen ist.

Der Anstieg der Kurven ist zunächst beim Schiefer wesentlich steiler als im Sandstein, wird aber auch im Schiefer bei höheren Schlagleistungen flacher und die Bohrgeschwindigkeit wächst nicht proportional der Schlagleistung. Bei tieferem Eindringen in das Gestein wächst der Widerstand, abhängig vom Keilwinkel der Schneide. Diese Abhängigkeit ist noch nicht untersucht worden. Es läßt sich jedoch hier folgern, daß der Gewinn an Bohrgeschwindigkeit mit höheren Schlagleistungen laufend geringer wird.

Will man eine bestimmte Bohrgeschwindigkeit erreichen, angenommen für Schiefer 100 cm/min und für Sandstein 50 cm/min, so kann man diese Bohrgeschwindigkeiten bei einer Drehzahl von 200 U/min unter folgenden Bedingungen erreichen:

a) Schiefer

    1. Vorschubkraft = 1500 kg; Schlagleistung 0,5 PS
    2.   "   = 900 kg;   "   1,45 PS
    3.   "   = 300 kg;   "   3,3 PS

b) Sandstein

    1. Vorschubkraft = 1500 kg; Schlagleistung 0,8 PS
    2.   "   = 900 kg;   "   1,6 PS
    3.   "   = 300 kg;   "   3,4 PS

Da die Leistungsaufnahme des Drehmotors, wie später noch erörtert, ganz entscheidend durch die Vorschubkraft beeinflußt wird, kann man durch eine größere Schlagleistung zu günstigeren Bohrbedingungen kommen.

Nach Erörterung der Abhängigkeit der Bohrgeschwindigkeit von der Schlagleistung bei verschiedenen Vorschubkräften soll nun die Drehzahl als Parameter eingesetzt werden. In Abbildung 21 ist zunächst der Einfluß der Drehzahl bei einer Vorschubkraft von 300 kg betrachtet. Der Darstellung

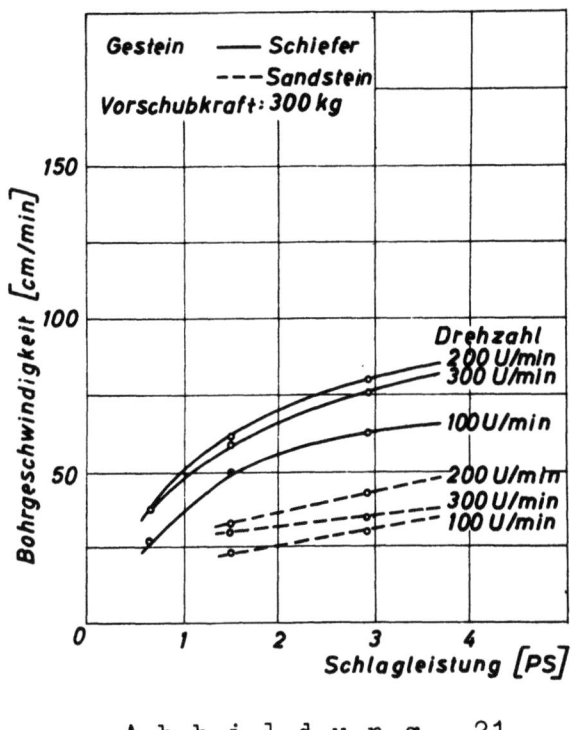 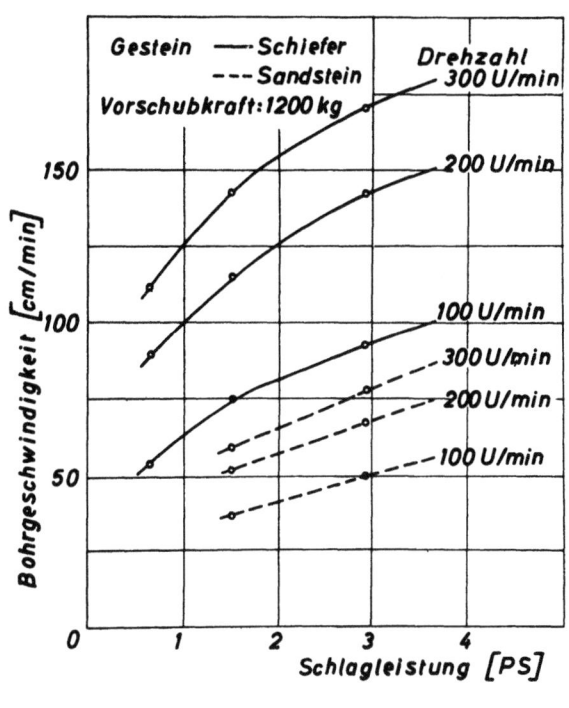

Abbildung 21   Abbildung 22

Bohrgeschwindigkeit in Abhängigkeit von der Schlagleistung bei verschiedenen Drehzahlen

ist andeutungsweise zu entnehmen, daß bei Schlagleistungen von 0 PS bzw. geringen Schlagleistungen die größte Drehzahl auch die größte Bohrgeschwindigkeit erzielt. Der Verlauf der Kurven zeigt aber, daß bei einer bestimmten Schlagleistung beginnend, die Drehzahl 200 U/min eine größere Bohrgeschwindigkeit aufweist als die Drehzahl von 300 U/min. Bei einer Vorschubkraft von 1200 kg (Abb. 22) wird mit der höchsten Drehzahl bei allen eingesetzten Schlagleistungen auch die größte Bohrgeschwindigkeit erzielt.

2.2 Die Spantiefe in Abhängigkeit von der Vorschubkraft, Drehzahl und Schlagleistung

Da die Spantiefe nach der Gleichung $s = \frac{v}{2n}$ [mm] errechnet ist

es bedeuten: s = Spantiefe [mm]
n = Drehzahl [U/min]
v = Bohrgeschwindigkeit $\left[\frac{mm}{min}\right]$

ist es einleuchtend, daß bei der Spantiefe als Funktion der Vorschubkraft, Drehzahl und Schlagleistung dieselben Tendenzen auftreten, die schon bei der Bohrgeschwindigkeit als Funktion dieser Faktoren erkannt wurden.

2.21 Die Spantiefe in Abhängigkeit von der Vorschubkraft

In der Abbildung 23 ist die Abhängigkeit der Spantiefe von der Vorschubkraft unter sonst gleichen Bedingungen für Wissenbacher Schiefer und Kahleberg Sandstein dargestellt.

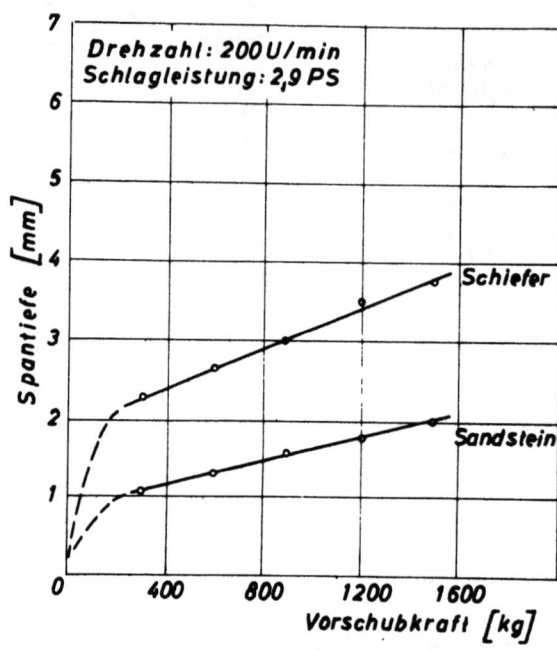

Abbildung 23

Spantiefe in Abhängigkeit von der Vorschubkraft

Für beide Gesteine nimmt die Spantiefe mit steigender Vorschubkraft zu, wobei der Anstieg der Kurve im Schiefer steiler ist als im Sandstein.

Während im Schiefer die Spantiefe bei der fünffachen Vorschubkraft (von 300 auf 1500 kg) von ca. 2,3 auf 3,8 mm zunimmt, also um rd. 65%, nimmt sie im Sandstein von 1,2 auf 2,0 mm gleich 60% zu. Die prozentuale Zunahme bezogen auf den Ausgangspunkt ist fast gleich; in ihrer absoluten Höhe jedoch ist die Spantiefe bei allen Vorschubkräften im Sandstein um 50% geringer als im Schiefer.

Die Abbildungen 24 und 25 zeigen den Einfluß der Vorschubkraft auf die Spantiefe bei verschiedenen Schlagleistungen als Parameter.

Den Kurven ist zu entnehmen:

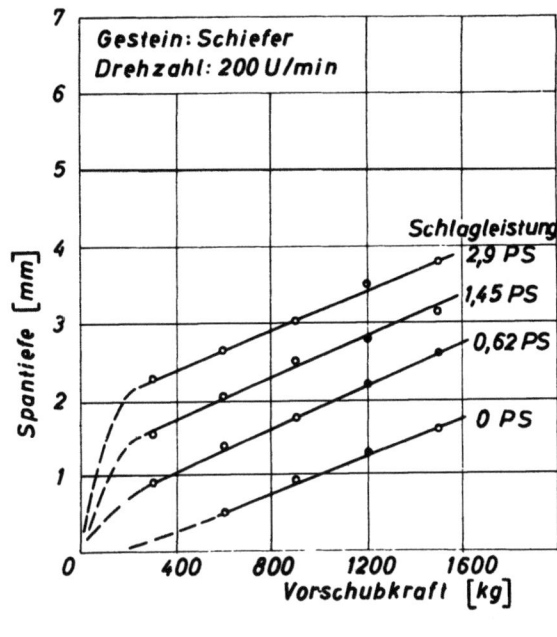 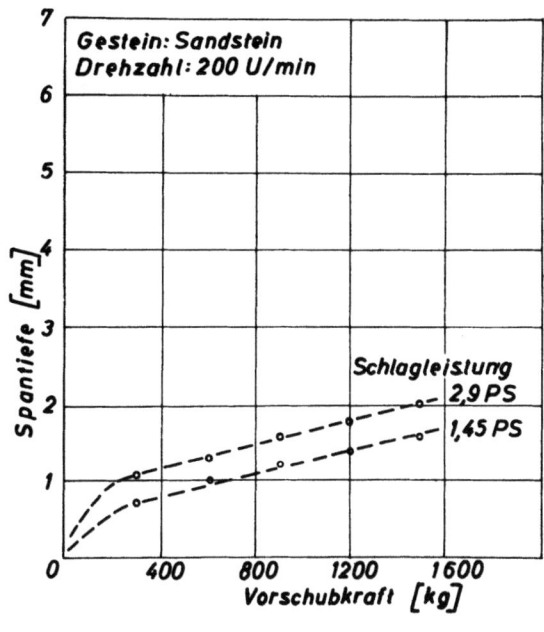

Abbildung 24   Abbildung 25

Spantiefe in Abhängigkeit von der Vorschubkraft bei verschiedenen Schlagleistungen

1) die prozentuale Zunahme der Spantiefe bei zunehmender Vorschubkraft nimmt bei wachsender Schlagleistung ab. Während die Spantiefe bei 0 PS Schlagleistung bei einer Steigerung der Vorschubkraft von 600 auf 1500 kg, also 150% um 200% von 0,5 auf 1,5 mm zunimmt, nimmt sie bei derselben Erhöhung der Vorschubkraft bei 2,9 PS Schlagleistung nur noch um 41% zu und zwar von 2,7 auf 3,8 mm.

2) Die in Abschnitt 2.11 unter Punkt 2 und 3 für die Bohrgeschwindigkeit als Funktion der Vorschubkraft erkannten Tendenzen sind hier ebenfalls zutreffend.

2.22 Die Spantiefe in Abhängigkeit von der Drehzahl

Die Abhängigkeit der Spantiefe von der Drehzahl mit der Vorschubkraft als Parameter geht aus den Abbildungen 26 und 27 hervor. In dem untersuchten Drehzahlbereich von 50 bis 300 U/min nimmt die Spantiefe für beide Gesteine mit zunehmender Drehzahl ab. Die Kurven verschiedener Vorschubkräfte verlaufen nahezu parallel.

Die Abnahme der Spantiefe mit zunehmender Drehzahl ist auf den Einfluß der Einwirkzeit der Bohrschneide auf das Gestein zurückzuführen, während die Höhe der Kurven bei einer bestimmten Schlagleistung nur durch die Höhe der Vorschubkraft bestimmt wird.

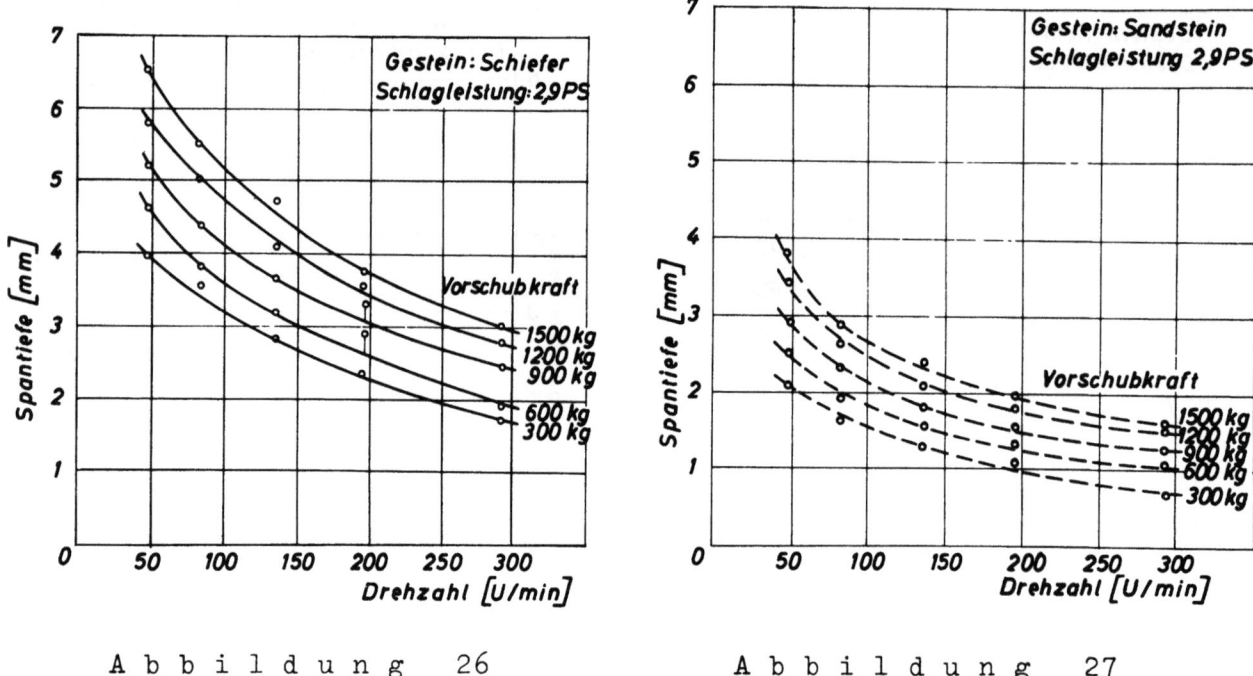

Abbildung 26   Abbildung 27

Spantiefe in Abhängigkeit von der Drehzahl bei verschiedenen Vorschubkräften

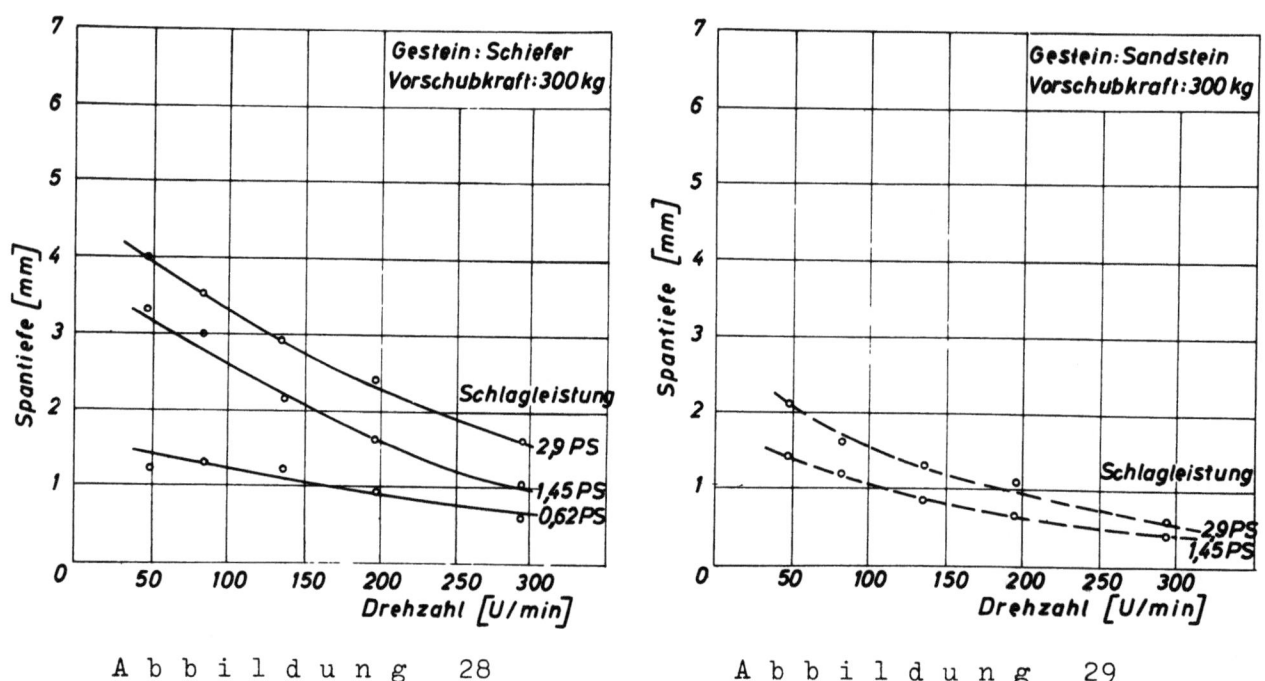

Abbildung 28   Abbildung 29

Spantiefe in Abhängigkeit von der Drehzahl bei verschiedenen Schlagleistungen

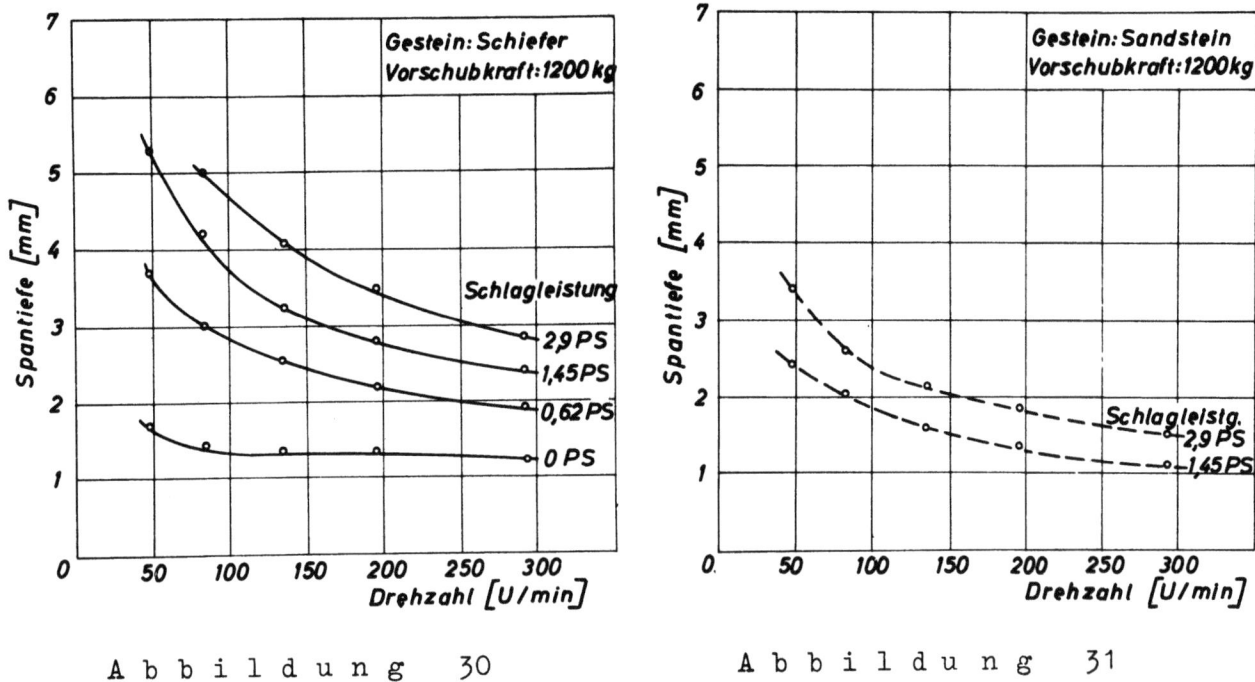

Abbildung 30   Abbildung 31

Spantiefe in Abhängigkeit von der Drehzahl bei verschiedenen
Schlagleistungen

Der Einfluß der Drehzahl auf die Spantiefe mit verschiedenen Schlagleistungen als Parameter (Abb. 28 bis 31) läßt erkennen, daß der Neigungswinkel der Kurven bei abnehmender Schlagleistung und zunehmender Drehzahl kleiner wird.

Bei geringen Vorschubkräften wird der Unterschied der Spantiefen mit zunehmender Drehzahl bei verschieden großen Schlagleistungen immer geringer, während bei höheren Vorschubkräften diese Erscheinung nicht so ausgeprägt ist.

Als Erklärung für diese Erscheinung kann auch hier die Tatsache angeführt werden, daß für das Eindringen in ein Gestein die Vorschubkraft und die Einwirkzeit maßgebend sind.

Bei höheren Drehzahlen müssen zur Erreichung der gleichen Spantiefe höhere Vorschubkräfte eingesetzt, oder aber die Schlagleistung erhöht werden.

Den Kurven ist aber zu entnehmen, daß der Einfluß der Schlagleistung auf die Spantiefe im Bereich höherer Drehzahlen immer geringer wird.

2.23 Die Spantiefe in Abhängigkeit von der Schlagleistung

In den Abbildungen 32 und 33 ist die Abhängigkeit der Spantiefe von der Schlagleistung mit der Vorschubkraft als Parameter und in den Abbildungen 34 und 35 mit der Drehzahl als Parameter aufgezeichnet. Da hier im wesentlichen dieselben Tendenzen auftreten wie in Abschnitt 2.13, sollen die wesentlichsten Merkmale kurz zusammengefaßt werden:

1) Die Spantiefe wächst mit steigender Schlagleistung.
2) Der Anstieg der Kurven ist für Schiefer größer als für Sandstein.
3) Die Kurven verschiedener Vorschubkräfte verlaufen nahezu parallel.
4) Bei steigenden Drehzahlen wird der Einfluß der Schlagarbeit auf die Spantiefe immer geringer.

2.3 Spezifischer Arbeitsaufwand des elektrischen Drehmotors [Wh/Bm] in Abhängigkeit von der Vorschubkraft, Drehzahl und Schlagleistung

2.31 Spezifischer Arbeitsaufwand des elektrischen Drehmotors [Wh/Bm] in Abhängigkeit von der Vorschubkraft

In Abbildung 36 ist die Abhängigkeit des spez. Arbeitsaufwandes des elektrischen Drehmotors in Abhängigkeit von der Vorschubkraft unter sonst gleichen Bedingungen für beide Gesteine dargestellt, aus der hervorgeht, daß in beiden Fällen der spez. Arbeitsaufwand mit zunehmender Vorschubkraft größer wird. Der Steigungswinkel sowie die Höhe der Kurve ist für Sandstein wesentlich größer als für Schiefer. Mit steigender Vorschubkraft wird der Aufwand an Dreharbeit je Bohrmeter größer, d.h., die größere Spantiefe, gleichbedeutend mit größerer Bohrgeschwindigkeit, verlangt eine größere Drehleistung als es der Steigerung der Bohrgeschwindigkeit entspricht.

Eine Gegenüberstellung von Kurven bei verschiedenen Schlagleistungen (Abb. 37) zeigt, daß mit abnehmender Schlagleistung der Anstieg der Kurven flacher wird; bei 0,62 PS Schlagleistung ist schon eine abfallende Tendenz zu erkennen. Aus dieser Darstellung geht hervor, daß bei geringen Vorschubkräften die Schlagleistung den spezifischen Arbeitsaufwand des Drehmotors stark beeinflußt, - dem Drehanteil fällt bei großer Schlagleistung hier nur die Aufgabe zu, die zwischen den durch die Schläge bewirkten Kerben stehengebliebenen Gesteinsteile auf der Bohrlochsohle abzudrehen, während bei geringer bzw. fehlender Schlagleistung

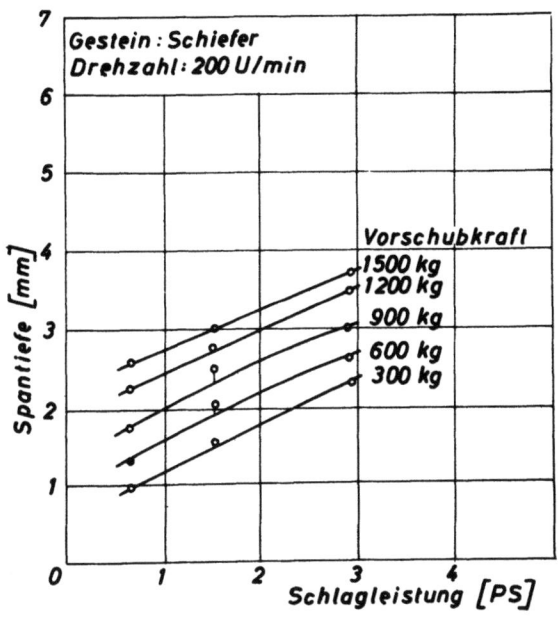
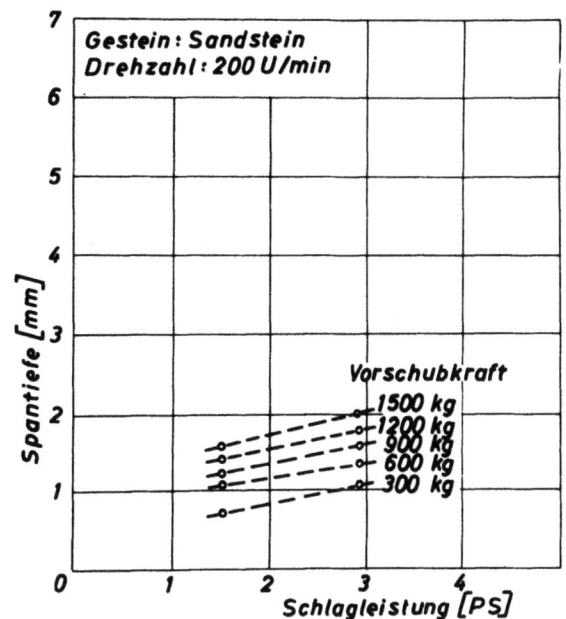

Abbildung 32   Abbildung 33

Spantiefe in Abhängigkeit von der Schlagleistung bei verschiedenen Vorschubkräften

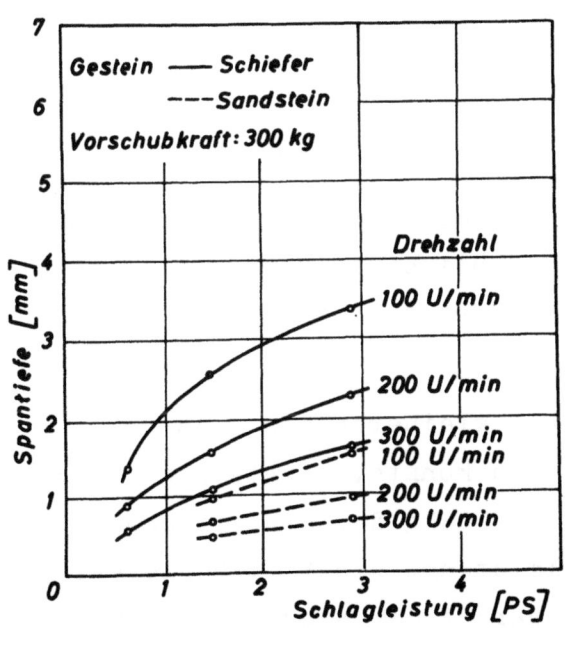
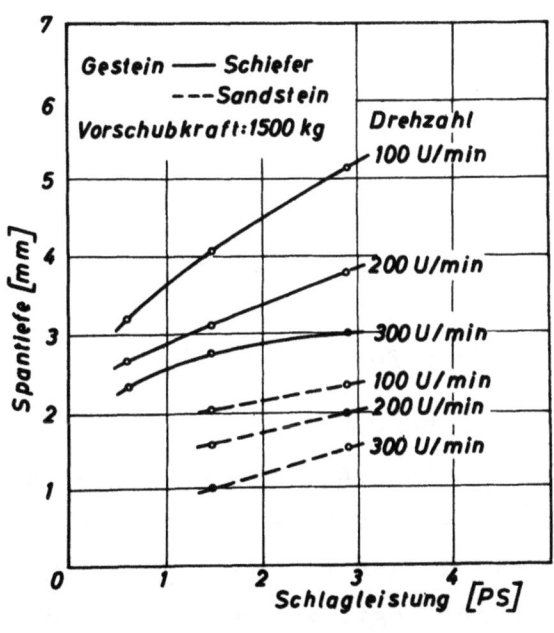

Abbildung 34   Abbildung 35

Spantiefe in Abhängigkeit von der Schlagleistung bei verschiedenen Drehzahlen

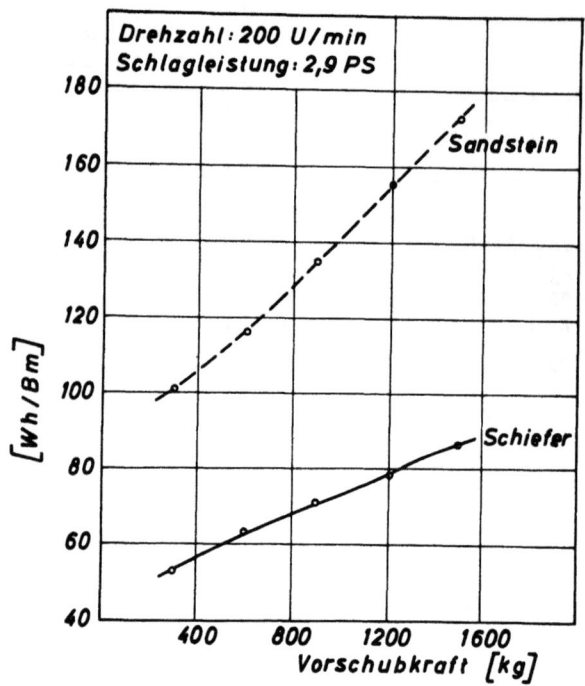

Abbildung 36

Spez. Arbeitsaufwand des elektr. Drehmotors [Wh/Bm] in Abhängigkeit von der Vorschubkraft

diese geringen Vorschubkräfte nicht ausreichen, einen guten Wirkungsgrad beim drehenden bzw. überwiegend drehenden Bohren zu erreichen. Bei Erhöhung der Vorschubkraft wird der spezifische Leistungsbedarf von der Schlagleistung immer weniger abhängig. Im Bereich hoher Vorschubkräfte überwiegt also der Drehbohranteil beim drehenden Bohren.

Der Unterschied zum spezifischen Arbeitsaufwand des Drehmotors beim rein drehenden Bohren (Schlagleistung 0 PS) und der bei einer Schlagleistung von 2,9 PS beträgt aber immerhin noch rd. 100%. Dies gilt für den Wissenbacher Schiefer (Abb. 37).

Beim Kahleberg Sandstein (Abb. 38) bei dem mit kleineren als 1,45 PS Schlagleistungen überhaupt nicht gebohrt werden konnte, zeigte sich, daß zunächst bis zu einer Vorschubkraft von etwa 1200 kg der spezifische Aufwand für den Drehmotor bei 2,9 PS Schlagleistung, wie beim Schiefer, niedriger liegt, während bei höherer Vorschubkraft der spezifische Aufwand bei der geringeren Schlagleistung (1,45 PS) niedriger liegt und sich scheinbar bei höheren Vorschubkräften nicht mehr erhöht. Bei einer Schlagleistung von 2,9 PS steigt der spezifische Arbeitsaufwand geradlinig weiter an.

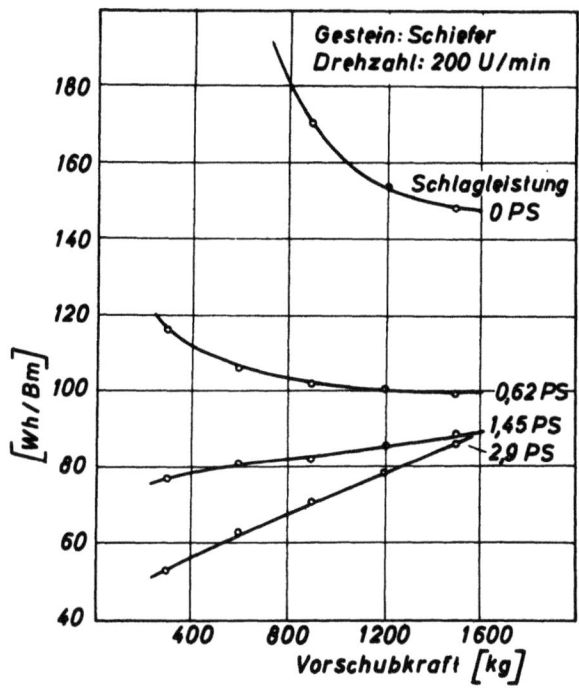 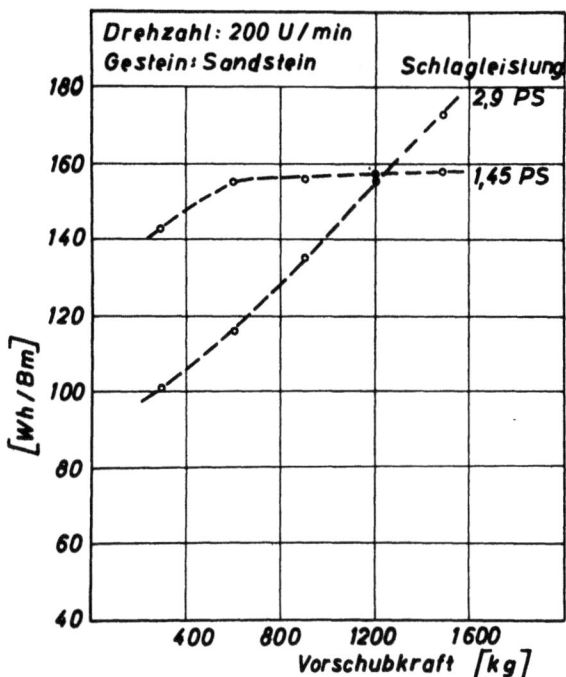

Abbildung 37   Abbildung 38

Spez. Arbeitsaufwand des elektr. Drehmotors [Wh/Bm] in Abhängigkeit von
der Vorschubkraft bei verschiedenen Schlagleistungen

Das heißt also, daß bei einer Schlagleistung von 2,9 PS und 1500 kg
Vorschubkraft das Eindringen der Bohrschneide in das Gestein so tief
ist, daß bei diesem harten Gestein der Arbeitsaufwand für den spanenden
Vorgang auf der Bohrlochsohle sehr viel stärker ansteigt als die Bohrgeschwindigkeit. Bei der schwächeren Schlagleistung entspricht die durch
Erhöhung der Vorschubkraft von etwa 800 bis 1500 kg bewirkte Zunahme
der Bohrgeschwindigkeit dem zunehmenden Arbeitsaufwand des Drehmotors,
so daß in diesem Bereich der spezifische Arbeitsaufwand etwa gleich
bleibt.

2.32 Spezifischer Arbeitsaufwand des elektrischen Drehmotors in Abhängigkeit von der Drehzahl

Der Einfluß der Drehzahl auf den spezifischen Arbeitsaufwand des elektrischen Drehmotors geht aus Abbildung 39 hervor. Es ist ersichtlich,
daß für beide Gesteine der spezifische Arbeitsaufwand mit zunehmender
Drehzahl zunächst geringer wird, über bestimmte Drehzahlen nahezu konstant bleibt und dann wieder ansteigt.

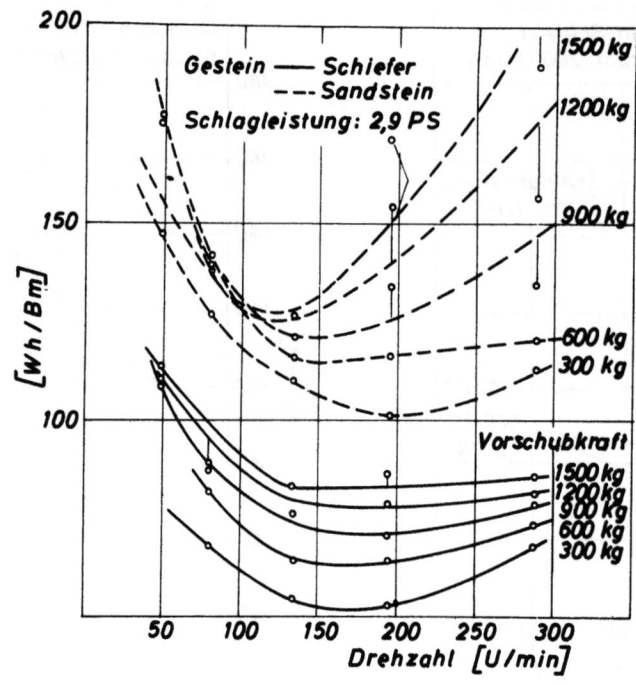

A b b i l d u n g 39

Spez. Arbeitsaufwand des elektr. Drehmotors [Wh/Bm] in Abhängigkeit von der Drehzahl bei verschiedenen Vorschubkräften

Im Sandstein zeigt die Kurve von 300 kg Vorschubkraft bei einer Drehzahl von ca. 200 U/min den geringsten spezifischen Aufwand an. Ein Vergleich mit den Kurven größerer Vorschubkräfte läßt erkennen, daß bei zunehmender Vorschubkraft sich der Punkt der Drehzahl mit dem geringsten Arbeitsaufwand des Drehmotors nach links verschiebt, d.h., mit zunehmender Vorschubkraft muß die Drehzahl kleiner sein, um den geringsten spezifischen Aufwand für den elektrischen Drehmotor zu erreichen. Bei der Schlagleistung von 2,9 PS und geringen Vorschubkräften fällt also dem Drehmotor nur die Aufgabe des "Räumens" der Bohrlochsohle zu.

In den folgenden Abbildungen 40 bis 43 ist der Einfluß der Drehzahl auf den spezifischen Aufwand mit verschiedenen Schlagleistungen als Parameter ersichtlich.

Bei einer Vorschubkraft von 300 kg (Abb. 40 und 41) zeigen alle Kurven zunächst fallende Tendenz, bleiben über bestimmte Drehzahlen konstant, um dann wieder anzusteigen. Der Anstieg der Kurven wird mit zunehmender Schlagleistung flacher. Bei einer Vorschubkraft von 1500 kg wird der spezifische Aufwand bei allen Schlagleistungen im Schiefer (Abb. 42) mit

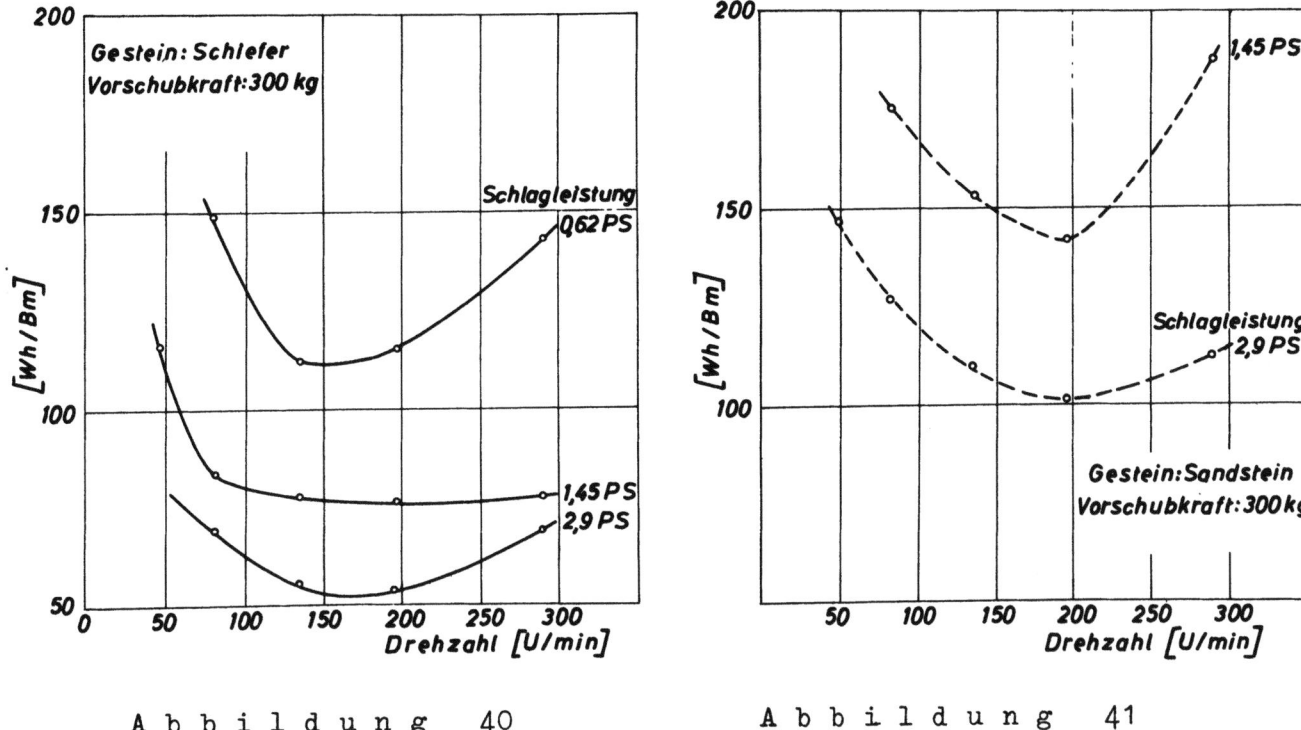

Abbildung 40   Abbildung 41

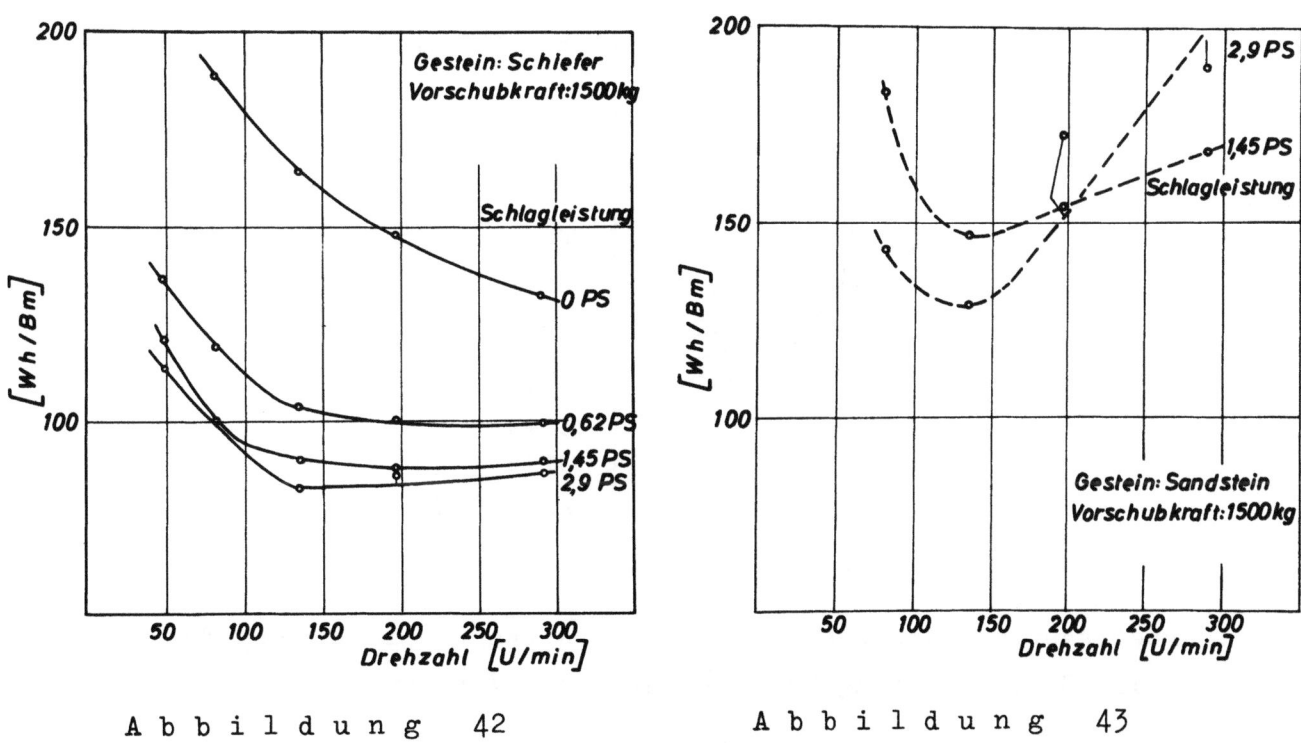

Abbildung 42   Abbildung 43

Spez. Arbeitsaufwand des elektr. Drehmotors [Wh/Bm] in Abhängigkeit von der Drehzahl bei verschiedenen Schlagleistungen

zunehmender Drehzahl geringer bzw. bleibt im untersuchten Bereich konstant, während für Sandstein (Abb. 43) der Aufwand bei bestimmten Drehzahlen ein Minimum erreicht und dann wieder ansteigt, wobei der Anstieg der Kurve für 2,9 PS steiler ist als der für 1,45 PS Schlagleistung. Hier wiederholt sich die Erscheinung, die schon in Abbildung 38 beschrieben wurde.

2.33 Spezifischer Arbeitsaufwand des elektrischen Drehmotors in Abhängigkeit von der Schlagleistung

In Abbildung 44 ist der spezifische Arbeitsaufwand des elektrischen Drehmotors in Abhängigkeit von der Schlagleistung mit verschiedenen Vorschubkräften als Parameter aufgezeichnet, der sich für Kahleberg Sandstein und Wissenbacher Schiefer ergab. In beiden Fällen wird der spezifische Arbeitsaufwand mit zunehmender Schlagleistung bei den eingesetzten Vorschubkräften geringer.

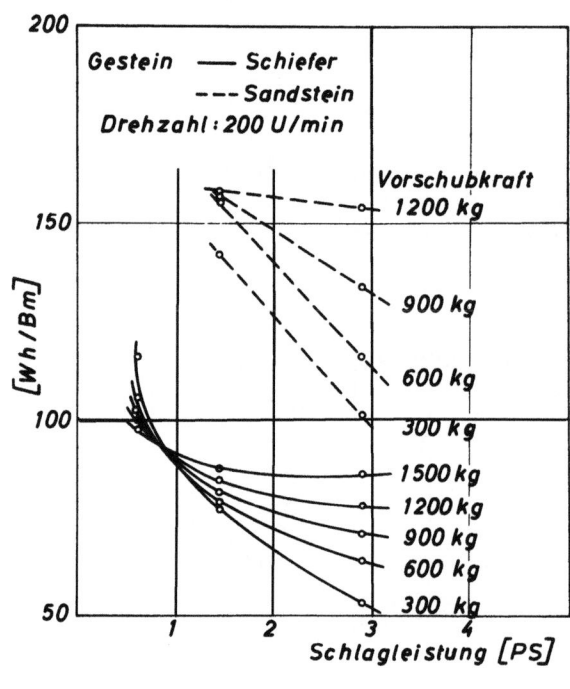

Abbildung 44

Spez. Arbeitsaufwand des elektr. Drehmotors [Wh/Bm] in Abhängigkeit von der Schlagleistung bei verschiedenen Vorschubkräften

Die Kurven verschiedener Vorschubkräfte für Schiefer schneiden sich bei ca. 1,1 PS Schlagleistung. Im Bereich unter 1,1 PS wird der spezifische Aufwand mit zunehmender Vorschubkraft geringer, während er darüber hinaus mit zunehmender Vorschubkraft größer wird.

Der Verlauf der Kurven für Sandstein läßt ähnliche Tendenzen erkennen: der Schnittpunkt liegt hier bei ca. 1,4 PS Schlagleistung. Die Begründung für diese Erscheinung liegt in der Tatsache, daß unterhalb 1,1 PS bzw. 1,4 PS Schlagleistung die erzielte Bohrgeschwindigkeit vorwiegend auf den Drehbohranteil zurückzuführen ist. Da bekanntlich beim Drehbohren mit zunehmender Vorschubkraft die Bohrgeschwindigkeit erheblich steigt, nimmt der spezifische Aufwand des elektrischen Drehmotors mit Steigerung der Vorschubkraft ab.

Im Bereich über 1,1 bzw. 1,4 PS wird die erzielte Bohrgeschwindigkeit bei 300 kg fast nur auf den Schlagbohranteil zurückgeführt. Der Drehmotor hat, wie schon erwähnt, hier nur die Aufgabe, das durch Schlagarbeit gelöste Gestein wegzuräumen, bzw. den Bohrer umzusetzen. Mit Steigerung der Vorschubkraft muß er Drehbohrarbeiten leisten, die in diesem Bereich den spezifischen Aufwand größer werden läßt.

Die Abbildungen 45 und 46 zeigen den spezifischen Arbeitsaufwand des elektrischen Drehmotors in Abhängigkeit von der Schlagleistung bei verschiedenen Drehzahlen bei 300 kg und 1500 kg.

Bei 300 kg Vorschubkraft zeigt sich, daß es in beiden Gesteinen bei hohen Schlagleistungen ganz eindeutig eine Drehzahl gibt, bei der der spezifische Aufwand des Drehmotors am geringsten ist. Bei dieser geringen Vorschubkraft gelten scheinbar noch die Gesetze des schlagenden Bohrens.

Bei 1500 kg Vorschubkraft jedoch zeigen beide Gesteine in Bezug auf den spezifischen Aufwand in Abhängigkeit von der Schlagleistung ein vollkommen verschiedenes Verhalten.

Beim Sandstein wird bei dieser Vorschubkraft eindeutig bei 100 U/min der geringste spezifische Aufwand erreicht - also bei kleinem Umsetzwinkel. Das hieße also, daß aller Wahrscheinlichkeit nach bei harten Gesteinen beim Drehschlagbohren höhere Schlagzahlen anzustreben sind - und damit höhere Schlagleistungen, denn dann würden auch bei höheren Umdrehungen und damit größeren Bohrgeschwindigkeiten bessere Werte für

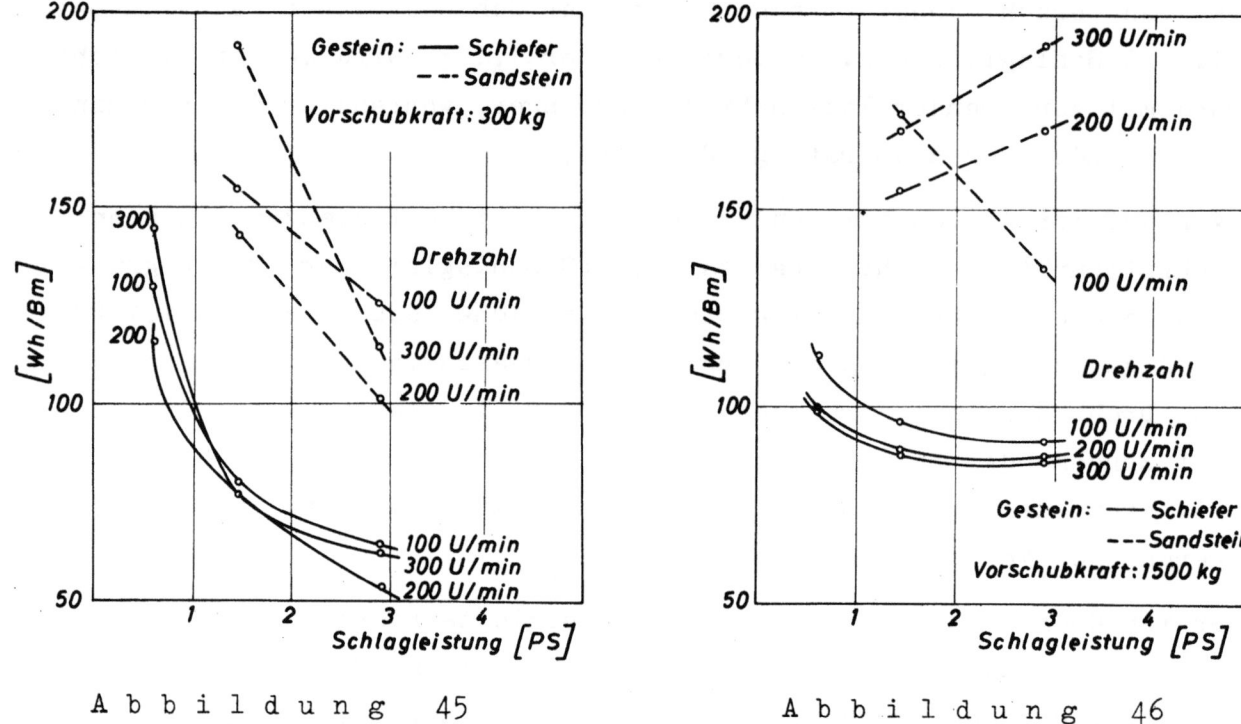

Abbildung 45   Abbildung 46

Spez. Arbeitsaufwand des elektr. Drehmotors [Wh/Bm] in Abhängigkeit von der Schlagleistung bei verschiedenen Drehzahlen

den spezifischen Aufwand des Drehmotors erreichbar. Diese Abbildungen zeigen deutlich, wie groß die Unterschiede beim drehschlagenden Bohren in verschieden harten Gesteinen sind. Beim Schiefer liegt der spezifische Aufwand bei hohen Schlagleistungen bei allen Drehzahlen am niedrigsten und unterscheidet sich nur um 5 - 8% bei 2,9 PS Schlagleistung.

2.4 Die Gesamtleistungsaufnahme in Abhängigkeit von der Bohrgeschwindigkeit

Die Gesamtleistungsaufnahme ist errechnet aus der aufgenommenen Leistung des Drehmotors, abzüglich der aufgenommenen Leerlaufleistung und aus der abgegebenen Schlagleistung an die Bohrstange. Der Leistungsaufwand für die Erzeugung der Vorschubkraft ist nicht in diesen Werten enthalten.

Als Drehmotor wurde, um eine konstante Drehzahl unter Belastung zu gewährleisten, ein 11 kW-Asynchronmotor benutzt. Um die Leistungsaufnahme in Abhängigkeit von der Bohrgeschwindigkeit nicht durch die zwangsläufig bei einem starken Motor gegebene hohe Leerlaufleistungsaufnahme zu verfälschen, wurde diese bei der Auswertung von der Leistungsaufnahme unter Last abgezogen.

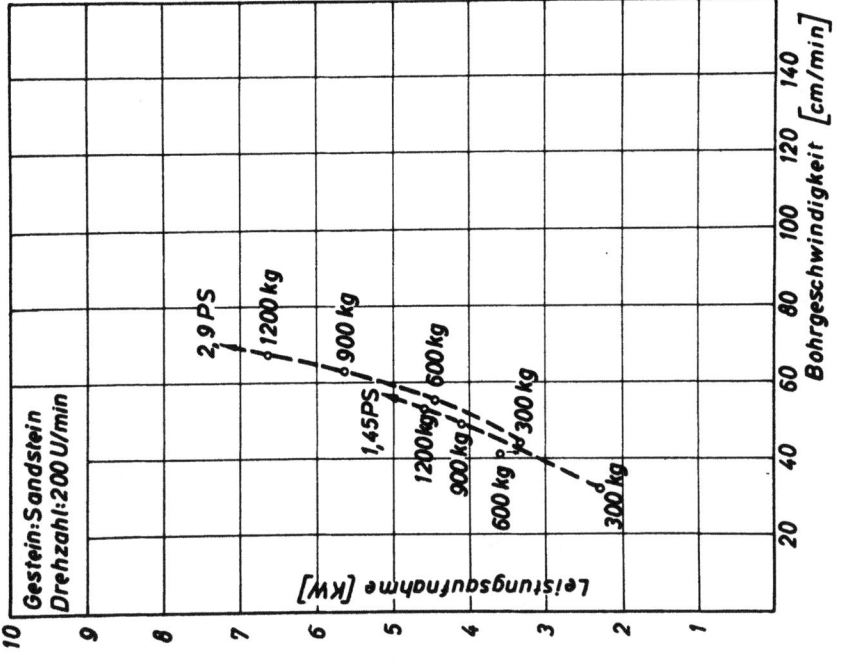

Abbildung 48

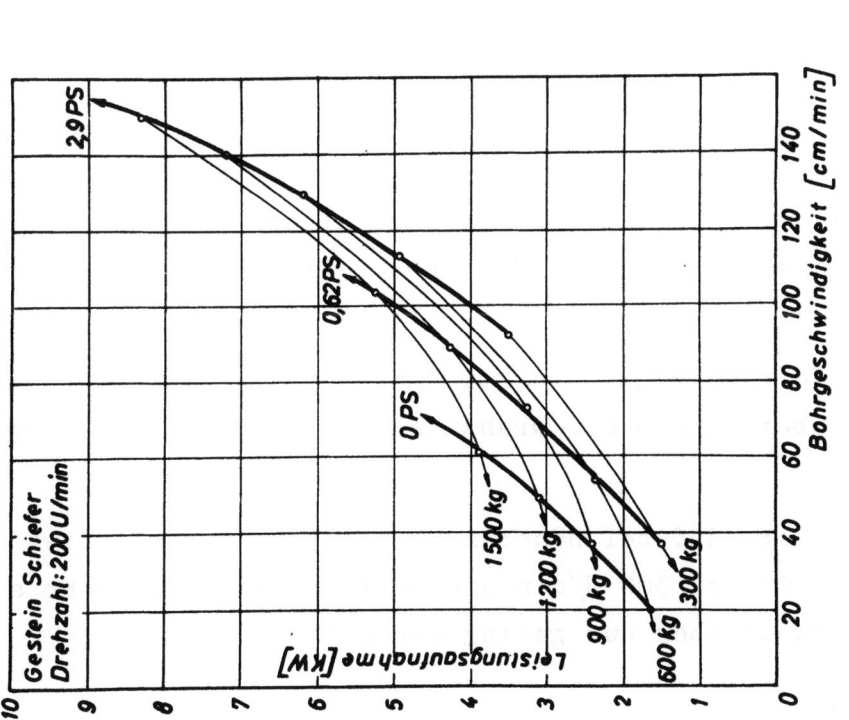

Abbildung 47

Gesamtleistungsaufnahme in Abhängigkeit von der Bohrgeschwindigkeit

In den Abbildungen 47 bis 50 ist die Gesamtleistungsaufnahme in Abhängigkeit von der Bohrgeschwindigkeit dargestellt, die sich für Wissenbacher Schiefer und Kahleberg Sandstein für die verschiedenen Schlagleistungen (0 PS, 0,62 PS und 2,9 PS) bei Drehzahlen von 200 und 300 U/min ergab.

Aus den Darstellungen geht klar hervor, daß sich das Drehschlagbohren hinsichtlich der Gesamtleistungsaufnahme mit zunehmender Schlagleistung wirtschaftlicher gestaltet.

Bei einer Gesamtleistungsaufnahme von 3,5 kW werden im Schiefer (Abb.47) bei einer Schlagleistung von 0 PS und einer Vorschubkraft von 1500 kg eine Bohrgeschwindigkeit von 55 cm/min erzielt; bei einer Schlagleistung von 0,62 PS und einer Vorschubkraft von 1000 kg 76 cm/min, während bei einer Schlagleistung von 2,9 PS und nur 300 kg Vorschubkraft 92 cm/min erreicht werden.

Bei gleicher Gesamtleistungsaufnahme (3,5 kW) wird also bei Steigerung der Schlagleistung von 0 auf 0,62 PS eine Erhöhung der Bohrgeschwindigkeit von 48% und bei Steigerung der Schlagleistung von 0 PS auf 2,9 PS eine Erhöhung der Bohrgeschwindigkeit um 75% erreicht, wobei die Vorschubkräfte bei 2,9 PS wesentlich geringer sind als bei 0 und 0,62 PS Schlagleistung.

In den folgenden Abbildungen 51 und 52 ist der Einfluß der Bohrgeschwindigkeit auf die Gesamtleistungsaufnahme bei 2,9 PS Schlagleistung und verschiedenen Drehzahlen für beide Gesteine dargestellt.

Aus den Kurven geht klar hervor, daß es im Schiefer unwirtschaftlich ist, mit einer Drehzahl von 100 U/min zu arbeiten, und es am günstigsten ist, mit einer Drehzahl von 200 U/min bis zu einer Vorschubkraft von 1000 kg bei darüber hinausgehenden Vorschubkräften mit einer Drehzahl von 300 U/min zu arbeiten.

Im Sandstein zeigt die Drehzahl von 200 U/min bis zu einer Vorschubkraft von ca. 500 kg darüber hinaus die Drehzahl von 300 U/min die günstigsten Ergebnisse.

Bemerkenswert ist hier, daß bei höheren Vorschubkräften als etwa 600 kg für die Drehzahlen 200 und 300 U/min die Leistungsaufnahme sehr schnell, die Bohrgeschwindigkeit aber nur gering zunimmt.

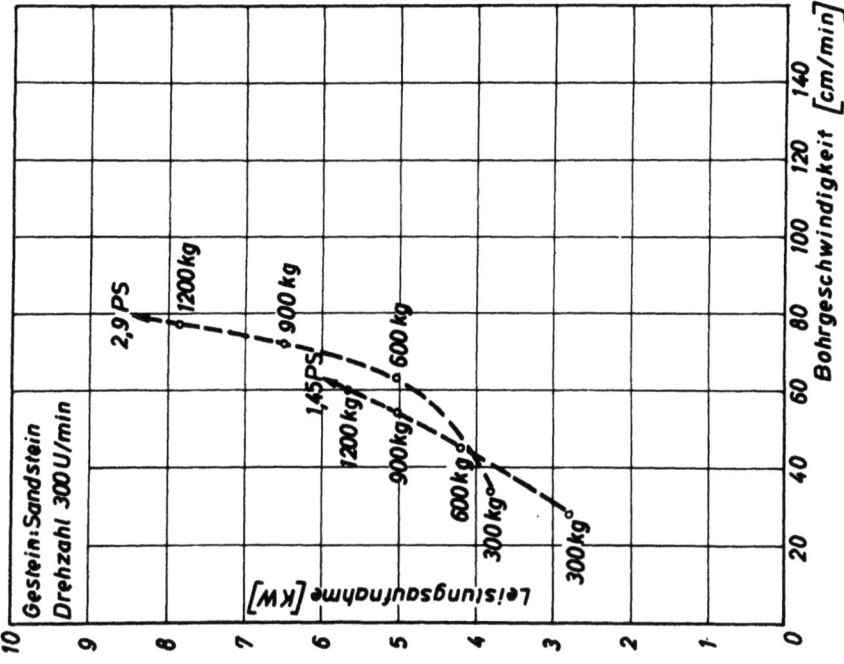

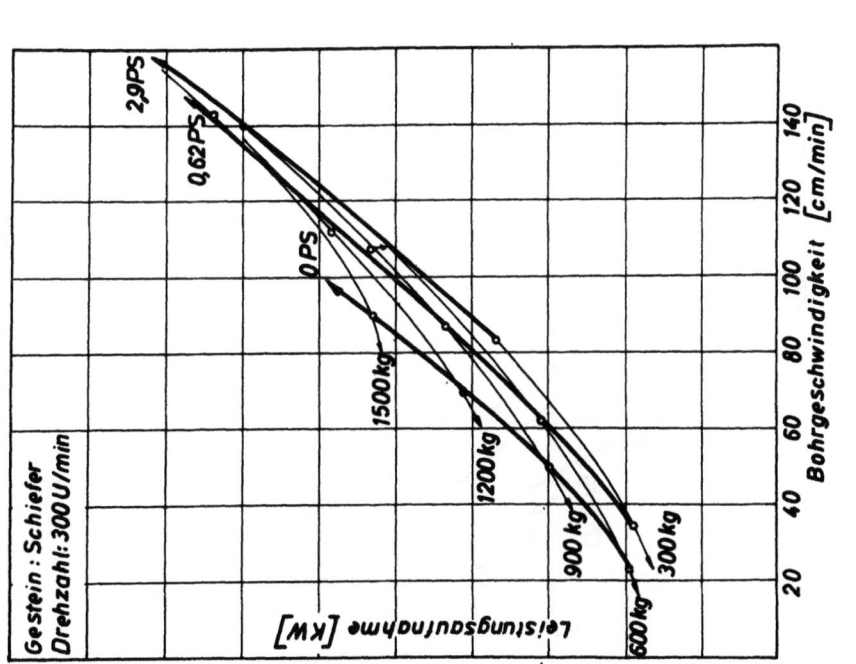

Abbildung 49 Abbildung 50

Gesamtleistungsaufnahme in Abhängigkeit von der Bohrgeschwindigkeit

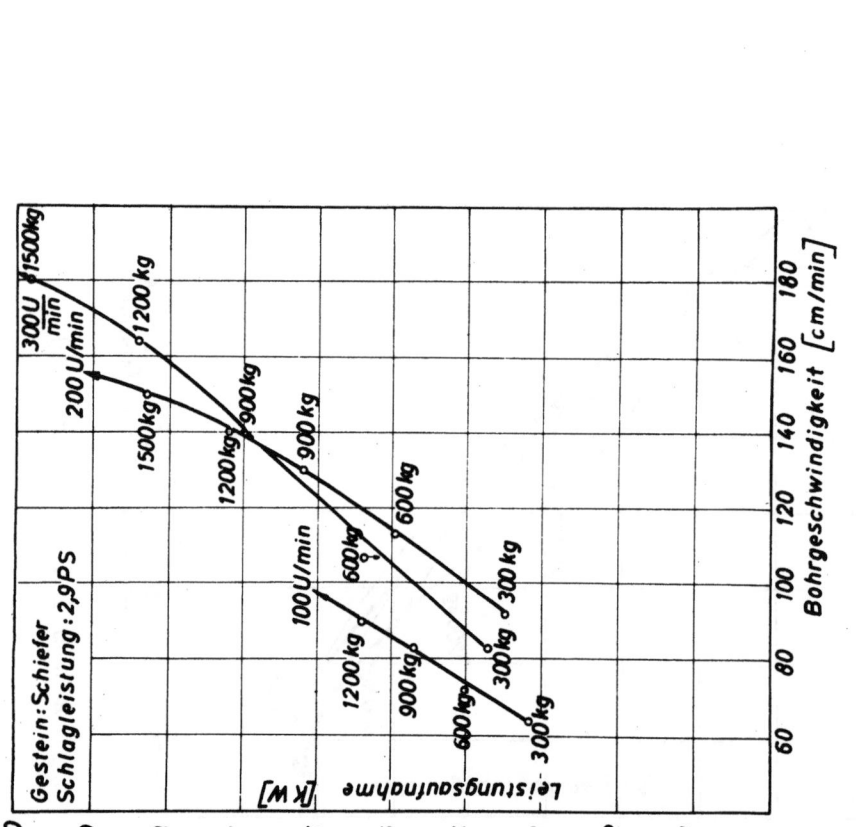

Abbildung 51

Abbildung 52

Gesamtleistungsaufnahme in Abhängigkeit von der Bohrgeschwindigkeit

2.5 Bohrstangen- und Bohrschneidenverschleiß

Verschleißuntersuchungen sind in der Regel bei Versuchen mit ständig wechselnden Bedingungen nur sehr schwer auszuwerten, da die Einflüsse extremer Versuchsbedingungen das Bild völlig verändern können und Rückschlüsse für den praktischen Betrieb fraglich, wenn nicht sogar unmöglich machen. Der Vollständigkeit halber sollen hier jedoch die Werte und die gemachten Erfahrungen bezüglich des Verschleißes angegeben werden.

Als Verschleiß für die Bohrstangen sind im folgenden die Standlängen einiger Bohrstangen angeführt:

Bohrstange Nr. 1 : 780 Bm in Wissenbacher Schiefer
" Nr. 2 : 215 Bm " " "
" Nr. 3 : 130 Bm " " "
" Nr. 4 : 190 Bm " " "
und 160 Bm " Kahleberg Sandstein

Die unterschiedlichen Standlängen sind darauf zurückzuführen, daß extreme Versuchsbedingungen, die aus versuchstechnischen Gründen nötig waren, zu Brüchen führten.

Wie schon an anderer Stelle erwähnt, war der Schneidenverschleiß bei der Erlängung eines 2 m langen Bohrloches in Wissenbacher Schiefer so gering, daß keine meßbaren Verschleißunterschiede für die verschiedenen Versuchsbedingungen festgestellt werden konnten.

Für die Versuche im Kahleberg Sandstein wurde für die Schneidenverschleißmessungen ein Mikroskop benutzt, daß eine Meßgenauigkeit von 1/1000 mm hatte. Um den Höhenverschleiß der Bohrschneide festzustellen, wurde die Schneide so unter dem Mikroskop eingespannt, daß es möglich war, den Höhenverlust an 8 verschiedenen Punkten, die auf dem Radius der Schneide in bestimmten Abständen festgelegt waren, zu messen. Aus dem Höhenverschleiß an den 8 Meßpunkten wurde der durchschnittliche Höhenverschleiß der Bohrschneide errechnet. Bei der Auswertung des Höhenverschleißes in Form einer graphischen Darstellung zeigte sich jedoch, daß die für die verschiedenen Versuchsbedingungen erhaltenen Werte so stark streuen, daß irgendwelche systematischen Abhängigkeiten des Schneidenverschleißes von den verschiedenen Versuchsbedingungen nicht festgestellt werden konnten. Bei der Verschleißmessung konnte der durch Gesteinsveränderung bedingte Verschleiß nicht erfaßt werden, so daß auf eine Auswertung verzichtet werden muß. Um ein ungefähres Bild von dem Bohrschneidenverschleiß zu geben, sind einige Schneiden vor und nach den Versuchen fotografiert worden.

In Abbildung 53 ist links im Bild eine für den Versuch vorbereitete Schneide zu sehen, während rechts eine Schneide dargestellt ist, mit der 2,20 Bm unter folgenden Bedingungen erlängt wurden.

Gestein: Kahleberg Sandstein
Schlagleistung: 2,9 PS
Vorschubkraft: 1200 kg
Drehzahl: 196 U/min

A b b i l d u n g   53

Gegenüberstellung von einer Bohrschneide vor und nach einem Bohrversuch

Abbildung 54 zeigt eine Schneide, bei der während des Bohrens das rechte Hartmetallplättchen ausbrach. Mit dieser Schneide wurden 2,10 Bm im Kahleberg Sandstein bei 2,9 PS Schlagleistung, 1300 kg Vorschubkraft und einer Drehzahl von 196 U/min erlängt.

A b b i l d u n g   54

Bohrschneide mit ausgebrochenen Hartmetallplättchen

Abbildung 55 zeigt eine Schneide, bei der das rechte Hartmetallplättchen eingerissen wurde. Mit dieser Schneide wurden im Kahleberg Sandstein bei 1,45 PS Schlagleistung, 900 kg Vorschubkraft und einer Drehzahl von 82 U/min 2,10 Bm erlängt.

Abbildung 55

Bohrschneide mit eingerissenem Hartmetallplättchen

Abbildung 56 links zeigt eine angeschliffene Schneide, während rechts eine Schneide zu sehen ist, mit der 0,90 Bm im Kahleberg Sandstein bei 0,62 PS Schlagleistung, 1500 kg Vorschubkraft und einer Drehzahl von 48 U/min erlängt wurden.

Abbildung 56

Gegenüberstellung von einer Bohrschneide vor und nach einem Bohrversuch

2.6 Folgerungen aus den Versuchen

Die Entwicklung des Drehschlagbohrens, das von Deutschland seinen Ausgang nahm, kommt vom drehenden Bohren in weichen Gesteinen, wie z.B. Salz und weichem Schiefer, her. Die dort erzielten hohen Bohrgeschwindigkeiten gaben den Anstoß zu den Bemühungen, auch in festen Gesteinen des Ruhrkarbons ähnliche Ergebnisse zu erzielen, um die Bohrarbeit wirtschaftlicher zu gestalten. Es gelang auch, durch die Einführung des Drehschlagbohrens erhebliche Steigerungen der Bohrgeschwindigkeiten gegenüber dem herkömmlichen schlagenden Bohren zu erzielen, allerdings mit erheblichem Aufwand:

> Die Vorschubkräfte müssen um mehr als den 10-fachen bis 15-fachen Betrag gegenüber dem schlagenden Bohren erhöht werden. Das bedingt kostspielige, schwer und unhandliche Bohrhilfseinrichtungen, die zu ausgereiften Bohrwagenkonstruktionen führten.

> Der absolute Energieverbrauch, d.h. also der Luftbedarf, - da es sich grundsätzlich um druckluftangetriebene Maschinen handelt - beträgt ein Vielfaches des schlagenden Bohrens; auch der Energieverbrauch je Bohrmeter liegt um das 2- bis 3fache höher.

Der hohe Schneidenverschleiß im Sandstein und hartem Sandschiefer läßt trotz der wesentlich höheren Standdauer der Bohrstangen - zurückzuführen auf die eindeutigen Vorschubkraftverhältnisse - die Grenzen des wirtschaftlichen Einsatzbereiches dieses Verfahrens erkennen.

Die Untersuchungen der GFBS führten zu der Erkenntnis, daß es richtiger ist, vom schlagenden Bohren ausgehend die Verhältnisse beim Drehschlagbohren zu untersuchen, um den Einfluß der Faktoren Drehzahl, Schlagarbeit und Vorschubkraft zu erkennen und damit Aussagen über den Umfang ihrer Wirkung auf die Bohrgeschwindigkeit zu ermöglichen.

Als Ergebnis dieser Untersuchungen der GFBS läßt sich - im einzelnen ausführlich in den voraufgegangenen Abschnitten beschrieben - abschließend feststellen:

1) Eindeutig ist der Anteil, den das drehende Bohren und das schlagende Bohren an den im Rahmen dieser Versuche erzielten Bohrgeschwindigkeiten hat, zu erkennen.

Im weichen Wissenbacher Schiefer gelingt es, durch Erhöhung der Vorschubkraft, und damit des Drehbohranteils, die Bohrgeschwindigkeit von 92 cm/min bei 300 kg Vorschubkraft auf 150 cm/min bei 1500 kg Vorschubkraft, also um 58 cm/min bei gleicher Schlagleistung und Drehzahl zu erzielen. Der Kahleberg Sandstein dagegen läßt bei Erhöhung der Vorschubkraft um denselben Betrag (um das 5fache) jedoch nur eine Erhöhung der Bohrgeschwindigkeit um 25 cm/min zu, also um weniger als die Hälfte des Betrages beim Schiefer.

Mit einer Erhöhung der Schlagleistung wären diese Ergebnisse auch zu erzielen, und zwar bei einem wesentlich geringeren Aufwand an Vorschubkraft und bei einem wesentlich geringeren Aufwand an Dreharbeit, die bei geringen Vorschubkräften nur das "Räumen" der Bohrlochsohle zu übernehmen hat, da bei Vorschubkräften bis zu 200 kg etwa ein spanabhebendes Bearbeiten der Bohrlochsohle noch nicht erfolgt. Zweifellos wird der Erhöhung der Schlagleistung durch die Standfestigkeit der Bohrstange Grenzen gesetzt, selbst wenn durch Erhöhung der Schlagzahl die Schlagenergie des Einzelschlages möglichst klein gehalten wird.

2) Eine weitere wesentliche Erkenntnis ist, daß es optimale Drehzahlen gibt, die im Rahmen dieser Untersuchungen bei etwa 200 U/min liegen.

3) Bei der Untersuchung der Gesamtleistungsaufnahme und des spezifischen Arbeitsaufwandes zeigt es sich, daß bei gleichen erzielten Bohrgeschwindigkeiten durch die <u>Erhöhung der Schlagleistung</u> die Gesamtleistungsaufnahme und der spezifische Arbeitsaufwand wesentlich gesenkt werden können.

Da der Aufwand für die Erzeugung der Vorschubkraft dabei noch nicht berücksichtigt ist, verschiebt sich dieses Verhältnis noch zu wesentlich günstigeren Werten bei höherer Schlagleistung.

4) Die Untersuchung einer großen Zahl von mittleren und schweren Schlagbohrhämmern auf dem Versuchsstand der GFBS hat neben der Ermittlung der Bohrgeschwindigkeiten dieser Hämmer die eindeutige Abhängigkeit der Bohrgeschwindigkeit beim schlagenden Bohren von der Vorschubkraft erkennen lassen. Im Wurmberggranit, der in seiner Bohrbarkeit in etwa dem Kahleberg Sandstein entspricht, konnten mit Hämmern von 60 kg Gewicht bei etwa <u>250 kg</u> Vorschubkraft Bohrgeschwindigkeiten von <u>120 cm/min</u> erreicht werden.

Bei 250 kg Vorschubkraft ist jedoch beim Drehschlagbohren nach diesen Untersuchungen noch kein eigentlicher Drehanteil in hartem Gestein zu erwarten. Bei diesen Vorschubkräften übernimmt der Drehmotor allein das "Räumen" der Bohrlochsohle.

Der Verlauf der Kurven für die Bohrgeschwindigkeiten im Kahleberg Sandstein in Abhängigkeit <u>von der Vorschubkraft,</u> die bei diesen Untersuchungen aufgenommen wurde, zeigt, daß selbst bei wesentlich größerer Vorschubkraft diese Bohrgeschwindigkeiten mit dem Drehschlagbohren nicht zu erreichen sind, wenn die erforderliche <u>Schlagleistung,</u> die für die <u>Anfangshöhe dieser Kurven</u> maßgebend ist, nicht vorhanden ist.

Je größer jedoch die Schlagleistung ist, um so geringer ist der Anteil der Drehbohrarbeit an der erzielten Bohrgeschwindigkeit, selbst bei Vorschubkräften, die weit über 1500 kg hinausgehen.

Aus diesen vier Schlußfolgerungen läßt sich zusammenfassend ableiten:

Wenn man größere Bohrgeschwindigkeiten erreichen will als sie beim schlagenden Bohren von der Stütze zu erreichen sind, muß man in jedem Fall für die Bereitstellung größerer Vorschubkräfte sorgen. Der Weg, diese höheren Bohrgeschwindigkeiten durch Steigerung der Vorschubkräfte auf mehr als 1000 kg und damit eine zusätzliche Ausnutzung der zerspanenden Wirkung des drehenden Bohrens neben dem schlagenden Bohren zu erreichen, führt zu einem großen Aufwand an installierter Drehleistung und kostspieligen, schweren Bohrhilfsgeräten.

Es ist weniger aufwendig, durch Erhöhung der Schlagleistungen diese Bohrgeschwindigkeiten zu erreichen, die bei einer entsprechenden Vorschubkraft von 200 - 300 kg selbst in harten und hätesten Gesteinen bei 120 cm/min liegen kann.

Die Bohrhilfsgeräte können in diesem Falle wesentlich leichter sein, die Umsetzarbeit wird bei schweren Hämmern in diesem Bereiche ohne zusätzliche Installation von Drehmotoren noch selbst übernommen.

Da die Schlagleistungen jedoch vor allem beim Kleinkaliberbohren durch den Querschnitt der Bohrstange und damit deren Standfestigkeit begrenzt werden, könnte man daran denken, bei einer der Bohrstange noch zumutbaren Schlagleistung das Umsetzen der Bohrstange von einem gesonderten Drehmotor vornehmen zu lassen. Dadurch, und das muß durch Versuche erhärtet werden, fällt dem Schlagwerk die Aufgabe zu, das Gestein auf der

Bohrlochsohle zu zertrümmern, während der Drehmotor mit einer konstanten, als günstigste erkannten Drehzahl, die Bohrlochsohle nur "räumt". Bei Vorschubkräften bis zu 250 kg etwa kann und braucht der Drehmotor noch keinen echten Drehbohranteil zu übernehmen.

Er wird also klein gehalten werden können, und durch das Vorhandensein einer optimalen Drehzahl fällt die Notwendigkeit eines Schaltgetriebes fort.

Vom Steinkohlenbergbauverein sind Entwicklungsaufträge in dieser Richtung vergeben worden.

3. Zusammenfassung

Mit einem für diese Versuche gebauten Drehschlagbohrgerät wurden die die Bohrgeschwindigkeiten beim Drehschlagbohren wesentlich beeinflussenden Faktoren <u>Vorschubkraft</u>, <u>Drehzahl</u> und <u>Schlagleistung</u> untersucht und ihr Einfluß in den durch den Rahmen dieser Versuche gegebenen Größenordnungen erkannt und ausgewertet.

Die Auswertung dieser Untersuchungen läßt Aussagen über das Verfahren zu, die bisher durch entsprechende Untersuchungen noch nicht erarbeitet werden konnten. Es ergeben sich Hinweise für die weitere Entwicklung und Forschung.

Die Bohrarbeit und seine Einordnung in die damit verbundenen bergmännischen Arbeitsvorgänge ist ein so komplizierter Vorgang, daß es noch intensiver Mitarbeit der Konstrukteure und der Bergleute bedarf, um die Entwicklung, mit geringstem Aufwand größere Bohrgeschwindigkeiten zu erzielen, erfolgreich weiterzuführen.

Der Umfang dieser Versuche mußte sich auf die eingehende Untersuchung der drei Hauptfaktoren beschränken.

Es wurden zwei Gesteine gewählt, die in ihrer Bohrbarkeit und Härte (Wissenbacher Schiefer: I-Wert nach SIEVERS 308 und Shore-Härte 30; Kahleberg Sandstein: I-Wert nach SIEVERS 1,7 und Shore-Härte 75) den Bereich der weichen bis sehr harten Gesteinen umfassen, so daß die Aussagen für den größten Teil der im Kohlen- und Erzbergbau vorhandenen Nebengesteine Gültigkeit haben.

Dieses Forschungsvorhaben wurde durch die Bereitstellung der erforderlichen Mittel vom Land Nordrhein-Westfalen ermöglicht.

        Gesellschaft zur Förderung der Forschung
     auf dem Gebiet der Bohr- und Schiesstechnik e.V.
                      Essen

Literaturverzeichnis

[1] DORSTEWITZ, G.   Betrachtungen über das schlagende und drehschlagende Bohren im Blickfeld des Andruckes.
Bergfreiheit (1955), Nr. 5 S. 182/188

[2] ders.   Vom Drehschlagbohren und seinem Bohrwagen.
Salzgitter-Maschinen-Berichte 1956 Nr.1

[3] FISH, B.G.   Percussive Rotary Drilling.
The Mining Magazine (1956) Nr. 3
S. 133/142

[4] ders.   A Comparsion of Percussive, Rotary and Percussive-Rotary Drilling.
Colliery Guardian 193 (1956) Nr.4995,
S. 617/621

[5] ders.   Studies in Percussive-Rotary Drilling.
Colliery Engineering (1957) Nr.397,
S. 101/104; Nr. 398, S. 141/146

[6] INETT, E.W.   Rotary-Percussive Drill Studies Explain New Drilling Technique
Engineering ans Mining Journal (1956)
Nr. 8 S. 75/79

[7] JAHN, R.   Das Drehschlagbohren.
Glückauf 90 (1954) Nr. 37/38, S.1086/1093

[8] ders.   Die Bedeutung der Einflußgrößen des Bohrens für den Bohrfortschritt und den Verschleiß beim Bohren von Sprenglöchern im Gestein.
Dissertation Bergakademie Clausthal 1957

[9] LACABANNE, W.D. und
E.P. PFLEIDER   Rotary Percussion Blasthole Machine May Revolutionize Drilling.
Mining Engineering, September 1955,
S. 850/855

[10] MEUTSCH, A.   Drehschlagbohrverfahren und Vorrichtungen für Gestein und andere harte Stoffe.
Patentanmeldung, bekanntgemacht am 28.6.1956

[11] PFLEIDER, E.P. und W.D. LACABANNE — Research in Rotary-Percussive Drilling Bulletin University of Missouri School of Mines and Metallurgy, Second Annual Symposium on Mining Research, November 1956, S. 46/66

[12] VOSS, K.H. — Kritische Untersuchungen und Betrachtungen über das Drehschlagbohren. Bergfreiheit (1954) Nr.10, S. 413/419 Nr.11, S. 479/488

FORSCHUNGSBERICHTE DES LANDES NORDRHEIN-WESTFALEN

Herausgegeben durch das Kultusministerium

BERGBAU

HEFT 16
Max-Planck-Institut für Kohlenforschung, Mülheim a. d. Ruhr
Arbeiten des MPI für Kohlenforschung
1953, 104 Seiten, 9 Abb., DM 17,80

HEFT 25
Gesellschaft für Kohlentechnik mbH., Dortmund-Eving
Struktur der Steinkohlen und Steinkohlen-Kokse
1953, 58 Seiten, DM 11,—

HEFT 30
Gesellschaft für Kohlentechnik mbH., Dortmund-Eving
Kombinierte Entaschung und Verschwelung von Steinkohle; Aufarbeitung von Steinkohlenschlämmen zu verkokbarer oder verschwelbarer Kohle
1953, 56 Seiten, 16 Abb., 10 Tabellen, DM 10,50

HEFT 31
Techn. Überwachungsverein e. V., Essen
Messung des Leistungsbedarfs von Doppelsteg-Kettenförderern
1954, 54 Seiten, 18 Abb., 3 Anlagen, DM 11,—

HEFT 40
Amt für Bodenforschung, Krefeld
Untersuchungen über die Anwendbarkeit geophysikalischer Verfahren zur Untersuchung von Spateisengängen im Siegerland
1953, 46 Seiten, 8 Abb., DM 8,80

HEFT 58
Gesellschaft für Kohlentechnik mbH., Dortmund-Eving
Herstellung und Untersuchung von Steinkohlenschwelteer
1954, 74 Seiten, 9 Abb., 9 Tabellen, DM 13,75

HEFT 120
Dipl.-Ing. A. Weisbecker, Lüdenscheid
Über Anfressung an Reinstaluminium-Schweißnähten bei der elektrolytischen Oxydation
Gebr. Hörstermann GmbH., Velbert
Entwicklung und Erprobung eines neuartigen Gummibandförderers
1955, 46 Seiten, 18 Abb., DM 9,70

HEFT 123
Dipl.-Ing. J. Emondts, Aachen
Über Bodenverformungen bei stark gestörtem und mächtigem, wasserführendem Deckgebirge im Aachener Steinkohlengebiet
1955, 196 Seiten, 37 Abb., 10 Tabellen, DM 28,80

HEFT 139
Prof. Dr. W. Fuchs †, Aachen
Studien über die thermische Zersetzung der Kohle und die Kohlendestillatprodukte
1955, 64 Seiten, 20 Abb., 22 Tabellen, DM 11,80

HEFT 179
Dipl.-Ing. H. F. Reineke, Bochum
Entwicklungsarbeiten auf dem Gebiete der Meß- und Regeltechnik
1955, 46 Seiten, 10 Abb., DM 10,—

HEFT 248
Rheinische Aktiengesellschaft für Braunkohlenbergbau und Brikettfabrikation, Köln
Untersuchung der Bindemitteleigenschaften von Braunkohlenfilteraschen
1956, 176 Seiten, 26 Abb., 30 Tabellen, DM 35,60

HEFT 252
Dipl.-Ing. H. Frings, Geilenkirchen
Die Wirkung abfallender Wetterführung auf Wettertemperatur, Grubengasgehalt und Staubbildung
1957, 118 Seiten, 15 Abb., 23 Tabellen, z. T. auf großformatigen Falttafeln, DM 35,70

HEFT 253
Dipl.-Ing. S. Schirmanski, Berghausen
Stand und Auswertung der Forschungsarbeiten über Temperatur- und Feuchtigkeitsgrenzen bei der bergmännischen Arbeit
1957, 70 Seiten, 24 Abb., 12 Tabellen, DM 17,10

HEFT 258
Dr. H. Paul, Linz (Rhein) und Prof. Dr. O. Graf, Dortmund
Zur Frage der Unfälle im Bergbau
1956, 52 Seiten, 9 Abb., 22 Tabellen, DM 11,20

HEFT 269
Markscheider R. Bals, Bochum
Eignung des Gebirgsankerausbaus zur Erleichterung des Streckenvortriebs im Steinkohlenbergbau
1956, 84 Seiten, 41 Abb., DM 18,75

HEFT 337
Dr. R. Hoeppener und Dr. W. Bierther, Bonn
Tektonik und Lagestätten im Rheinischen Schiefergebirge
1957, 66 Seiten, 14 Abb., DM 16,25

HEFT 343
Prof. Dr.-Ing. W. Petersen und Dipl.-Ing. S. Wawroschek, Aachen
Die zweckmäßigsten Gütebestimmungsverfahren und Brikettierungsbedingungen bei der Erzeugung von Braunkohlen-Eisenerz-Briketts
1956, 64 Seiten, 28 Abb., DM 13,95

HEFT 346
Dipl.-Ing. O. Arnold, Aachen
Erfahrungen mit Kernbohrungen zur Lagerstättenuntersuchung im Erzbergbau
1957, 36 Seiten, 2 Abb., 3 Falttafeln, 7 Tabellen, DM 8,80

HEFT 352
Dipl.-Ing. H. Fauser, Aachen
Fahrdynamik und Batterie-Arbeitsverbrauch von Akkumulatorenlokomotiven im Untertagebetrieb
1957, 152 Seiten, 50 Abb., 27 Diagramme, DM 36,10

HEFT 374
Dr. E. Paproth, Krefeld
Paläontologische Bearbeitung der in den devonischen Schichten des Siegerlandes enthaltenen Faunen
1957, 38 Seiten, 3 Tabellen, DM 8,30

HEFT 399
Prof. Dr. habil. H. E. Schwiete und Dr.-Ing. R. Vinkeloe, Aachen
Möglichkeiten der quantitativen Mineralanalyse mit dem Zählrohrgerät unter besonderer Berücksichtigung der Mineralgehaltsbestimmung von Tonen
1958, 102 Seiten, 34 Abb., 1 Tabelle, DM 26,70

HEFT 477
Sozialforschungsstelle an der Universität Münster zu Dortmund
Beiträge zur Soziologie der Gemeinden. Teil I:
Dr. K. Utermann, Dortmund
Freizeitprobleme bei der männlichen Jugend einer Zechengemeinde
1957, 56 Seiten, DM 12,75

HEFT 478
Prof. Dr.-Ing. habil. W. Petersen und Dr.-Ing. S. Wawroschek, Aachen
Brikettierungsversuche zur Erzeugung von Möllerbriketts unter Verwendung von Braunkohle
1957, 102 Seiten, 42 Abb., 6 Tabellen, DM 24,25

HEFT 484
Prof. Dr. phil. habil. H. E. Schwiete und Dr. G. Franzen, Aachen
Beitrag zur Struktur des Montmorillonit
1958, 76 Seiten, 23 Abb., DM 22,—

HEFT 490
Hauptstelle für Staub- und Silikosebekämpfung des Steinkohlenbergbauvereins, Essen-Rüttenscheid
Zur Staub- und Silikosebekämpfung im Steinkohlenbergbau
1958, 90 Seiten, 47 Abb., 7 Tabellen, DM 26,20

HEFT 502
Prof. Dr. M. Diem und Dr. R. Trappenberg, Karlsruhe
Berechnung der Ausbreitung von Staub und Gas
1957, 18 Seiten Text und 67 z. T. großformatige zweifarbige Diagramme, DM 37,30

HEFT 518
Dr.-Ing. H. Scheffler, Dortmund
Funktionelle Zusammenhänge der dynamischen Einflußgrößen beim handgeführten Druckluft-Abbauhammer und ihre Berücksichtigung für die Konstruktion rückstoßarmer Hämmer
1958, 124 Seiten, 68 Abb., 11 Tabellen, DM 34,65

HEFT 522
Dr.-Ing. J. Lorentz, Bonn und Dr.-Ing. K. Brocks, Mülheim/Ruhr
Elektrische Meßverfahren in der Geodäsie
1958, 108 Seiten, 49 Abb., 5 Tabellen, DM 28,—

HEFT 534
Oberbergamtsdirektor H. Sanders, Dortmund
Seismische Forschungsarbeiten im Ostteil des Grubenfeldes König Ludwig
in Vorbereitung

HEFT 545
Prof. Dr. phil. habil. H. E. Schwiete, Dr. rer. nat. G. Ziegler und Dipl.-Ing. Ch. Kliesch, Aachen
Thermochemische Untersuchungen über die Dehydration des Montmorillonits
1958, 48 Seiten, 16 Abb., 4 Tabellen, DM 15,40

HEFT 559
Prof. Dr. phil. habil. H. E. Schwiete und Dipl.-Chem. R. Gauglitz, Aachen
Die Verflüssigung von Montmorillonitschlämmen
1958, 66 Seiten, 15 Abb., 5 Tabellen, DM 19,30

HEFT 562
Prof. Dr.-Ing. H. Schenck, Prof. Dr. phil. habil N. G. Schmahl und Dr.-Ing. G. Funke, Aachen
Die Reduzierbarkeit von Eisenerzen
in Vorbereitung

HEFT 575
Prof. Dr. phil. habil. C. Kröger, Aachen
Verkokungsverhalten der Steinkohlenmacerale und ihrer Mischungen
1958, 58 Seiten, 18 Abb., 19 Tabellen, DM 18,70

HEFT 580
Prof. Dr.-Ing. A. Götte und Dipl.-Chem. G. Scholz, Aachen
Unterstützung der Entwässerung von Feinkohle durch chemische Hilfsmittel
in Vorbereitung

HEFT 603
Prof. Dr.-Ing. L. Engel und Dr.-Ing. J. Foerster, Clausthal-Zellerfeld
Gummielastische Stoffe als Dämpfungselemente an schlagenden Werkzeugen
in Vorbereitung

HEFT 625
Prof. Dr.-Ing. habil. W. Petersen und Dr.-Ing. S. Wawroscheck, Aachen
Brikettierungsversuche zur Erzeugung von Möllerbriketts für die Schwelverhüttung

HEFT 665
Dr. phil. habil. R. Köhler, Dr.-Ing. W. Ostermann, Bochum
Geräuschuntersuchungen an Druckluftmotoren
in Vorbereitung

HEFT 686
Dr.-Ing. D. Wartenberg, Clausthal-Zellerfeld
Untersuchungen über die Stromzuführung und den elektrischen Antrieb beim Vermessungskreisel
in Vorbereitung

Ein Gesamtverzeichnis der Forschungsberichte, die folgende Gebiete umfassen, kann bei Bedarf vom Verlag angefordert werden:
Acetylen / Schweißtechnik – Arbeitspsychologie und -wissenschaft – Bau / Steine / Erden – Bergbau – Biologie – Chemie – Eisenverarbeitende Industrie – Elektrotechnik / Optik – Fahrzeugbau / Gasmotoren – Farbe / Papier / Photographie – Fertigung – Gaswirtschaft – Hüttenwesen / Werkstoffkunde – Luftfahrt / Flugwissenschaften – Maschinenbau – Medizin / Pharmakologie / Physiologie – NE-Metalle – Physik – Schall / Ultraschall – Schiffahrt – Textiltechnik / Faserforschung / Wäschereiforschung – Turbinen – Verkehr – Wirtschaftswissenschaften.

If you have any concerns about our products,
you can contact us on
ProductSafety@springernature.com

In case Publisher is established outside the EU,
the EU authorized representative is:
**Springer Nature Customer Service Center GmbH
Europaplatz 3, 69115 Heidelberg, Germany**

Printed by Libri Plureos GmbH
in Hamburg, Germany